陳大達（筆名：小瑞老師）●著

民用航空發動機概論

圖解式活塞與渦輪噴射發動機入門

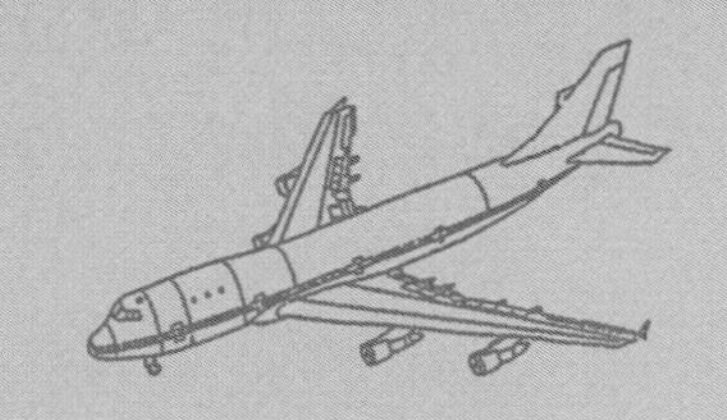

作者序

一、航空發動機是飛機產生動力的核心裝置，在航空的發展史上，飛機的性能的提升可說是隨著發動機的性能增進而成長。飛機所使用航空發動機的種類也決定的飛機的特性與用途，對於一個從事發動機的工作人員來說，他最重要的不是扳手，而是對發動機應有的認知與觀念。

二、由於飛機的性能取決於航空發動機，再加上很多的飛安事件是因為發動機功能異常所引起的，所以民航局在2012年將「航空發動機」列為今後民航局「飛航管制」與「航空駕駛」考試中，在飛行原理考試科目的重點。

三、航空發動機這門學科如果不接觸發動機實體很難入門，沒有系統性的介紹，又很難有正確的觀念，市面上雖然有許多圖解式航空發動機書籍，但都是介紹片斷的知識，反而讓人一知半解，而理論性的航空發動機書籍，又讓初學者不知道如何著手研讀。有鑑於此，本書利用圖解式、系統式、簡明式以及條列式的文字說明，以實用與就業做為編寫的導向，而盡量不引用枯燥的數學演練，希望能讓對航空發動機一無所知的讀者，能夠快速又完整地獲得正確的航空發動機的知識與觀念。也希望本書能成為一本介紹航空發動機的入門書籍，不僅可以做為民航局在「飛航管制」與「航空駕駛」考試中的參考，更可做為對航空工程有興趣學生的課外讀物以及二專、二技、大學航空相關課程使用。

四、本書能夠出版首先感謝本人已故父母陳光明先生與陳美鸞女士的大力栽培，內人高瓊瑞女士在撰稿期間諸多的協助與鼓勵。除此之外，承蒙秀威資訊科技股份有限公司惠予出版以及蔡曉雯和賴英珍兩位小姐的細心編排，在此一併致謝。

五、或許在排版上會因為希望配合圖解的說明以及讓讀者能以最清楚與最方便的模式閱讀而選擇間隔。在此，希望讀者們見諒。個人或許能力有限，如果讀者希望仍有添增、指正與討論之處，歡迎至讀者信箱src66666@gmail.com留言。

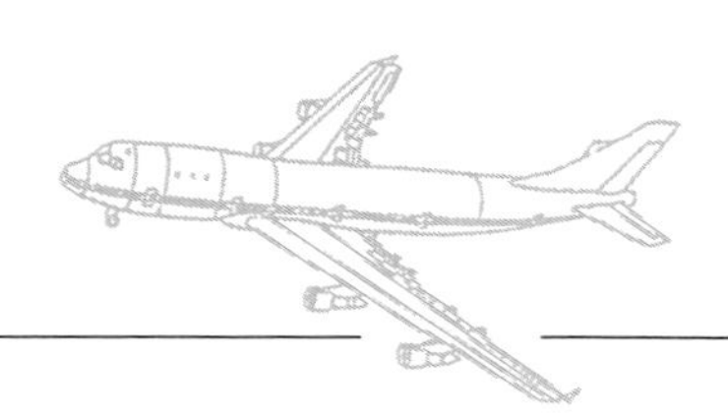

CONTENTS
目次

第二篇　航空發動機介紹

第三篇　渦輪噴射發動機的基本部件

第一篇

航空發動機的基礎知識

◎ 航空發動機的分類

◎ 基礎觀念介紹

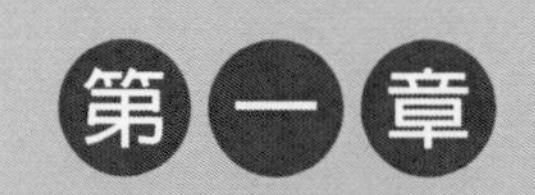

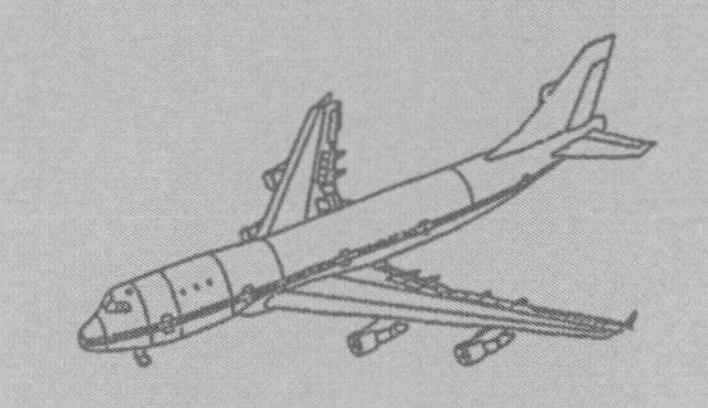

航空發動機的分類

所謂航空器是指在大氣層內飛行的器械（飛行器），任何航空器都必須產生一個大於自身重量的向上力，才能升入空中。根據產生向上力的基本原理的不同，航空器可區分為兩大類：一、輕於空氣的航空器，例如：熱氣球和飛艇。二、重於空氣的航空器：例如：飛機和直升機。本書提及的發動機是指飛機發動機，也就是指搭載在飛機上的動力裝置。

第一節 飛機發動機的定義

一、飛機的定義

由動力裝置產生前進的拉力或推力，由固定機翼產生升力，在大氣層中飛行的重於空氣的航空器稱為飛機。無動力裝置的滑翔機、以旋翼作為主要升力來源的直升機以及在大氣層外飛行的航太飛機都不屬於飛機的範圍。飛機活動的範圍主要是在離地25公里以下的大氣層內（民航機活動的範圍大約是在離地10公里），在大氣層內飛行是飛機的基本特點。

滑翔機與飛機的根本區別是：滑翔機升高以後不是用動力，而靠自身重力在飛行方向的分力向前滑翔。雖然有些滑翔機裝有小型發動機（我們稱之為動力滑翔機），但是發動機功用是要在滑翔飛行前用來獲得初始高度。

二、飛機發動機的功能

航空發動機是飛機產生動力的核心裝置，其主要的功能是用來是指主要用來產生拉力或推力，藉以克服飛機的重力與空氣相對運動時產生的阻力使飛機起飛與前進。使飛機前進的發動機設備。除了產生前進力外，還可以為飛機上的用電設備提供電力以及為空調設備等用氣設備提供氣源。

第二節 航空發動機的種類

航空發動機目前大致可以分為活塞式發動機、衝壓發動機以及渦輪式發動機三大類。分述如下：

一、活塞式發動機

如圖一所示，活塞式發動機是早期在飛機或直升機上應用的航空發動機，發動機帶動螺旋槳或旋翼等推進器旋轉產生推進力，從1903年第一架飛機升空到第二次世界大戰末期，所有飛機都用活塞式航空發動機作為動力裝置，然而由於活塞式發動機的動力小，所以20世紀40年代中期，在軍用飛機和大型民用機上，高速且功率大的燃氣渦輪發動機逐漸地取代了活塞式航空發動機，但是因為活塞式發動機的造價低以及易於維修等優點，所以目前仍用於一些初級教練機及小型運輸機上。

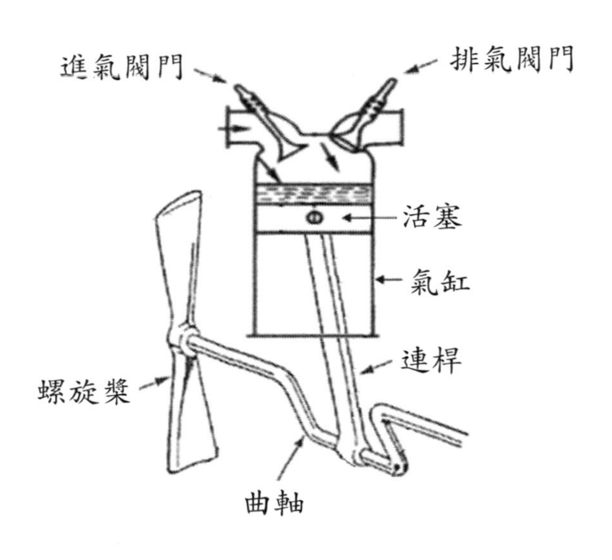

圖一　活塞式發動機的外觀示意圖

19世紀初，美國人萊特兄弟利用活塞式發動機去實現飛機的動力飛行。他們進行了上千次風洞試驗，通過大量的測驗與實踐，發現了增加升力的原理以及飛機橫側穩定的方法，從基本上，解決了飛機的操縱穩定問題，奠定了飛機飛行原理的理論基礎，雖然萊特兄弟不是進行航空器飛行試驗的第一人，但是他們首創了讓固定翼飛機能受控飛行的飛行控制系統，為飛機的實用化奠定了基礎，因此我們將飛機的發明歸功於萊特兄弟。

二、衝壓發動機

如圖二所示，衝壓發動機的主要特點是沒有無壓縮機和燃氣渦輪。進入燃燒室的空氣是利用高速飛行時的衝壓作用來增壓的。它的優點是構造簡單與成本低廉，但是它的缺點是無法在靜止狀態中操作運轉，必須在0.2馬赫（音速）以上之速度方可使用。主要使用於超音速飛行之航空器，它的速度可達3～5馬赫（音速），由於不能自行起動和低速性能不好，所以限制了它在航空器上的應用，僅用在導彈和在空中發射的飛彈。

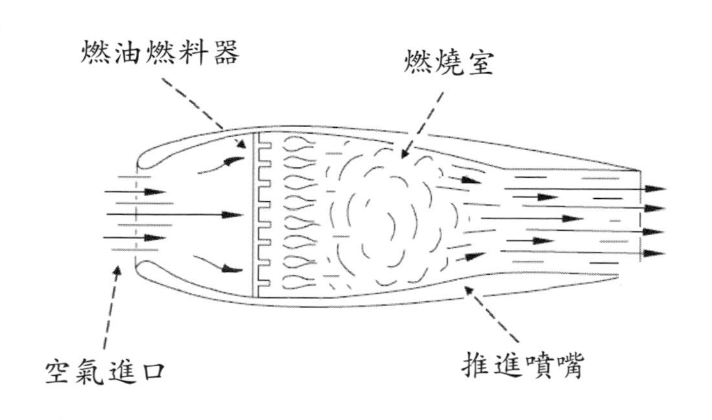

圖二　衝壓發動機的外觀示意圖

三、渦輪發動機

燃氣渦輪發動機是現代飛機和直升機上應用最廣的發動機，它的優點是動力大以及運行平穩。目前在飛機上使用的燃氣渦輪發動機包括渦輪噴射發動機、渦輪風扇發動機以及渦輪螺旋槳發動機，它們都具有壓縮機、燃燒室和燃氣渦輪，所以叫做燃氣渦輪發動機。本書在此針對渦輪螺旋槳發動機、渦輪噴射發動機以及渦輪風扇發動機機做一簡單的初步介紹，敘述如下：

1.渦輪螺旋槳發動機

渦輪螺旋槳發動機主要用於速度小於0.7～0.75馬赫（0.7～0.75倍音速）的飛機上，渦輪螺旋槳發動機的優點是中、低空高度以及次音速的空速下可產生較大的推力，尤其是在飛機的飛行空速為0.5馬赫，也就是0.5倍音速時，它的推進效率極佳。它的缺點是隨著飛行速度的增加，而使阻力大增，因此會造成飛行上之瓶頸，其外觀示意圖如圖三所示。

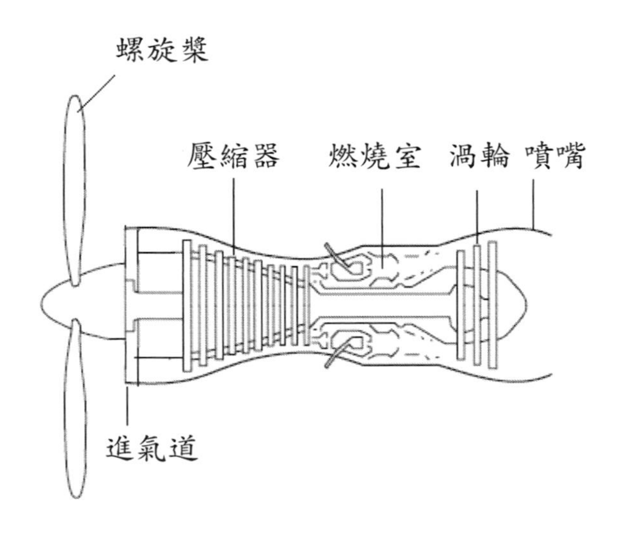

圖三　渦輪螺旋槳發動機的外觀示意圖

2.渦輪噴射發動機

渦輪噴射發動機主要用於超音速飛機，它的優點是具備高空運轉的特性，但是它的缺點是無法在低速時產生大推力，其外觀示意圖如圖四所示。

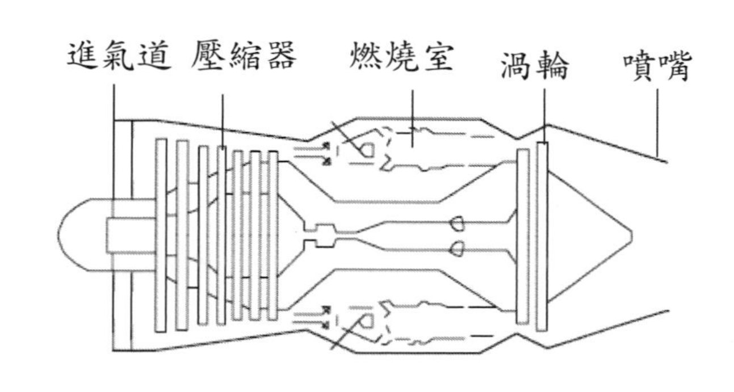

圖四　渦輪噴射發動機的外觀示意圖

3.渦輪風扇發動機

渦輪風扇發動機兼具渦輪噴射與渦輪螺旋槳發動機之優點，可具有渦輪螺旋槳發動機於低空速之良好操作效率與高推力，同時兼具渦輪噴射發動機之高空高速性能，所以逐漸成為現代民航機與戰機的新主流。例如我國新一代戰機-經國號戰機（I.D.F）以及目前大型的商務客機多使用渦輪風扇發動機，其外觀示意圖如圖五所示。

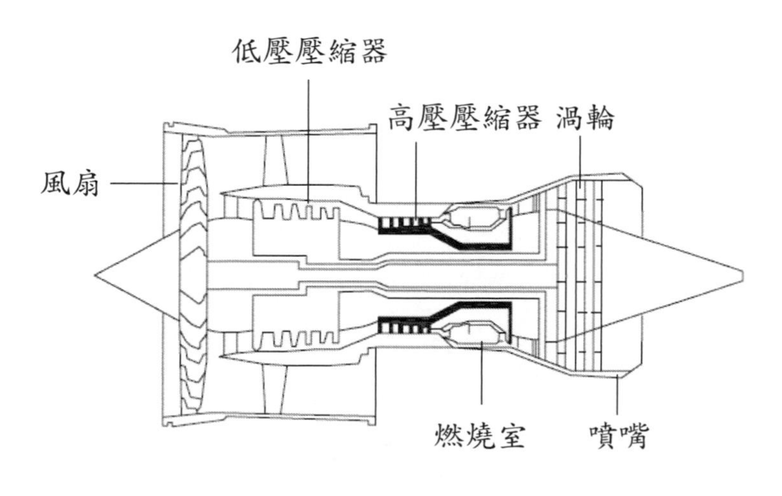

圖五　渦輪風扇發動機的外觀示意圖

由於活塞式發動機、衝壓發動機以及渦輪式發動機都是由大氣中吸取空氣做燃燒的氧化劑，所以又稱為吸氣式發動機。在航空器上應用的其他發動機還有火箭發動機和航空電動機，火箭發動機是一種不依賴空氣就可以運作的發動機，圖六為液態火箭推進器的外觀示意圖。如圖六所示。發動機本身攜帶發動機燃燒時所需之燃料及氧化劑，所以不需由大氣中吸取空氣做燃燒的氧化劑。

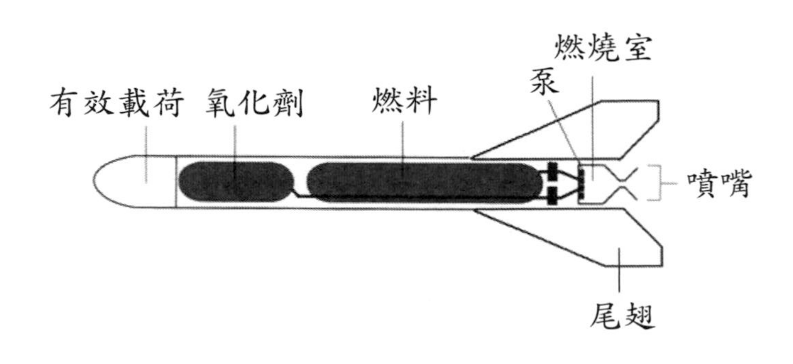

圖六　液態火箭推進器的外觀示意圖。

但是由於火箭發動機燃料消耗率太大，不適於長時間工作，只有在早期的超音速實驗飛機用過，在飛機上僅用於短時間加速（如起動加速器）。除此之外，目前由太陽能電力驅動的航空電動機僅用於輕型飛機，尚處於試驗階段。

燃氣渦輪發動機一經出現，就以它在高速下推進效率高和迎風阻力小的優勢，首先在高速飛機上迅速取代了活塞式發動機的位置。渦輪噴射發動機在20世紀五六十年代曾廣泛用於軍民用飛機，特別是超音速飛機上。但是由於經濟性的原因，目前渦輪噴射發動機大多已被渦輪風扇發動機所取代。其中，旁通比小的渦輪風扇發動機應用於戰鬥機上，至於中、大旁通比的渦輪風扇發動機則廣泛用於各種類型的次音速民用飛機。渦輪螺旋槳發動機主要用於速度小於0.7～0.75馬赫（0.7～0.75倍音速）的運輸機、支線飛機和公務機上。時至今日，渦輪發動機的應用有越來越廣的趨勢。

第三節 航空發動機的分類

根據前面敘述，我們將航空發動機加以綜整與歸類，以便讀者瞭解其分類的原則，分類圖如圖七所示，詳細說明如後。

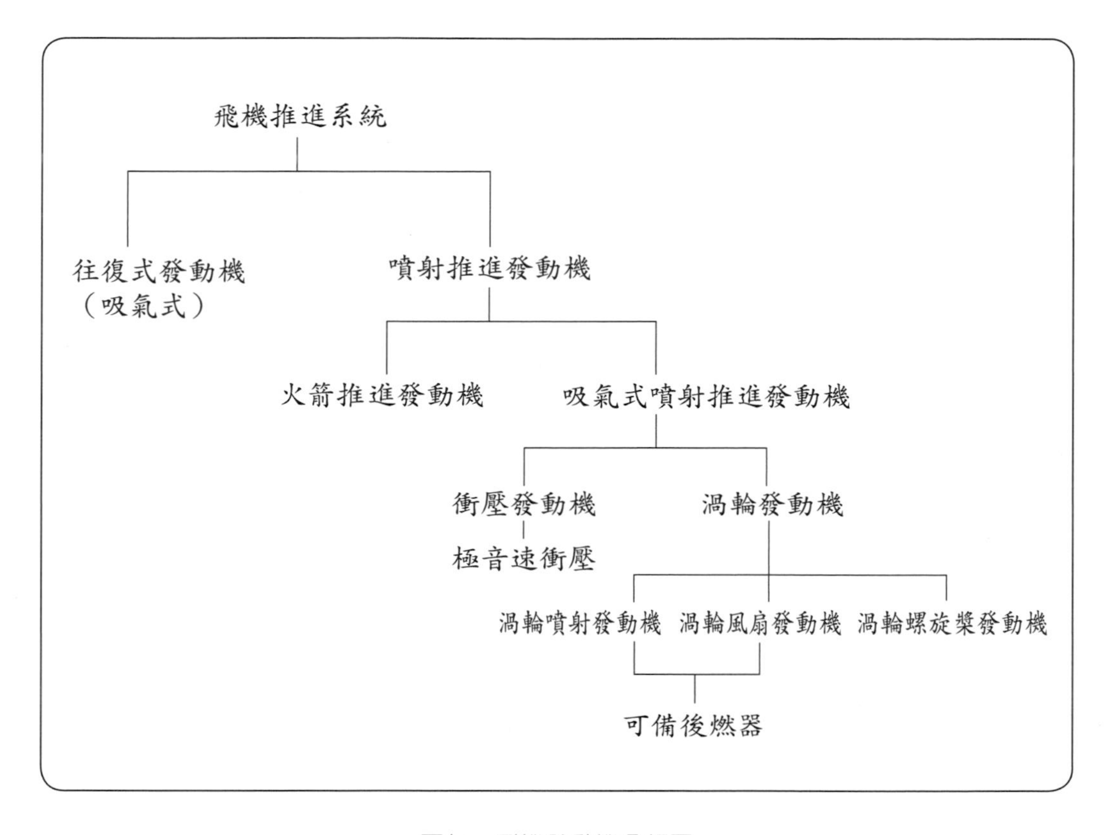

圖七　飛機發動機分類圖

一、依據產生動力的大小來分類

發動機依據產生動力的大小來分類可區分成活塞式發動機與噴射推進式發動機二種，由於活塞式發動機功率的限制和螺旋槳在高速飛行時效率下降，只適用於低速飛行，大多應用於輕型飛機和超輕型飛機等方面。

二、依據燃燒是否仰賴空氣來分類

我們知道燃燒的三要素包括空氣（或氧化劑）、燃料與溫度，缺一不可。依據燃燒是否仰賴空氣來分類可區分成吸氣式發動機和火箭推進式發動機二種，吸入空氣方能運作的發動機簡稱為吸氣式發動機，其無法到稠密大氣層之外的空間運作，例如活塞式發動機、衝壓發動機以及渦輪式發動機均屬於吸氣式發動機。火箭推進式發動機是一種不依賴空氣就可以運作的發動機，太空飛行器由於需要飛到大氣層外，所以必須安裝此種發動機。

三、依據是否有壓縮器來分類

普通大氣壓力的空氣摻和燃油之混合氣，點燃後產生的燃氣膨脹的程度不足作有用的功推動航空器，空氣經加壓，然後摻和燃油，點燃後的燃氣才能使引擎順利工作。引擎施於空氣的壓縮力愈大，所產生的動力或推力也愈大。吸氣式噴射發動機依據是否有壓縮器可分成衝壓噴射發動機與渦輪發動機二種，衝壓噴射發動機因為沒有壓縮器的存在，所以不能自行起動和低速性能不好，所以限制了它在航空器上的應用，僅用在導彈和在空中發射的飛彈。渦輪發動機包括渦輪噴射發動機、渦輪風扇發動機、渦輪軸發動機以及渦輪螺旋槳發動機，它們都具有壓縮器、燃燒室和燃氣渦輪，是現代飛機和直升機上應用最廣的一種發動機。

四、依據產生推進動力的原理來分類

依據產生推進動力的原理不同，飛行器的發動機又可分為間接反作用力發動機和直接反作用力發動機兩類。分別說明如後：

1.間接反作用力發動機

間接反作用力發動機又稱為螺旋槳飛機，它的工作原理是飛機藉由發動機帶動飛機的螺旋槳拍擊空氣並使空氣加速向後流動時，造成空氣對螺旋槳產生反作用力（拉力）來拉動飛機，使飛機向前推進，工作原理示意圖如圖八（a）所示。活塞式發動機與渦輪螺旋槳發動機均屬此一類型發動機。

2.直接反作用力發動機

直接反作用力發動機又叫做噴氣式發動機，它的工作原理是發動機是利用向後噴射高速氣流，產生向前的反作用力來推進飛行器，其工作原理示意圖如圖八（b）所示。這類發動機包括渦輪噴射發動機、渦輪風扇發動機、衝壓噴氣式發動機以及火箭噴氣式發動機等幾大類型。

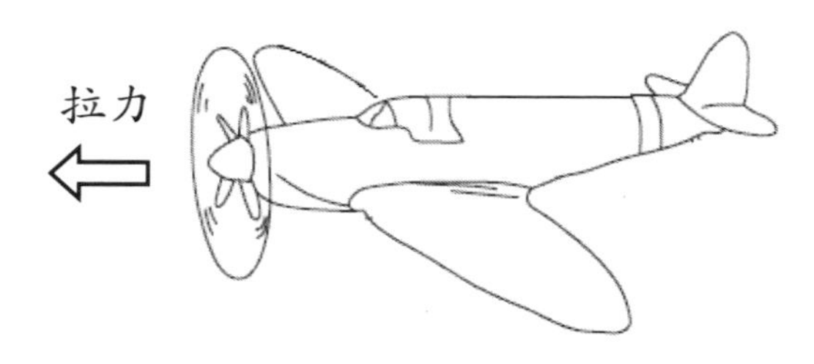

（a）螺旋槳發動機

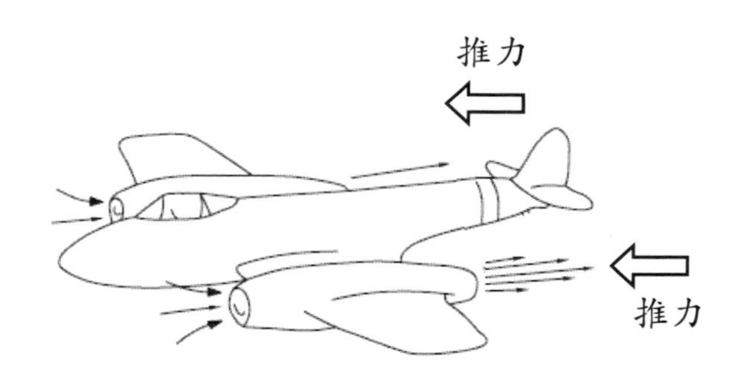

（b）噴氣式發動機

圖八　螺旋槳發動機與噴氣式發動機的工作原理示意圖

第四節 發動機的演進史

如圖九所示，在1903年12月17日，美國萊特兄弟實現了人類歷史上首次有動力、載人、持續、穩定和可操作且重於空氣飛行器的飛行（活塞式發動機飛機），從而為飛機的實用化奠定了基礎，活塞式發動機飛機的發明對其後百年中航空業具備重大的影響與意義，所以我們將飛機的發明歸功於萊特兄弟。

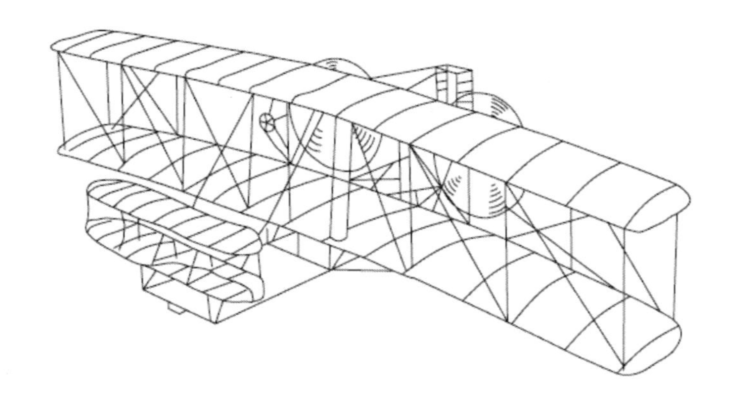

圖九　第一架飛機的外觀示意圖

但是因為活塞式飛機學理與運用的限制，例如動力小、阻力大以及無法高速飛行等限制。因此人們開始尋求新的動力裝置。

航空發動機是飛機性能、可靠性和成本的決定性因素，自1939年裝有渦輪噴射發動機的飛機在德國首次成功飛行以來（如圖十所示），飛機的動力裝置有了飛速的發展。

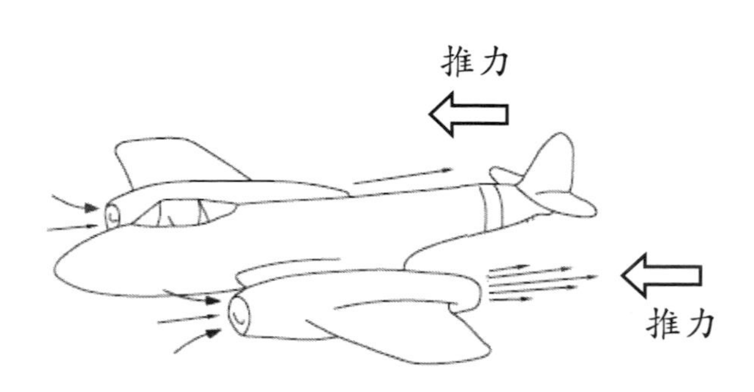

圖十　渦輪噴射發動機的外觀示意圖

人類在航空史上的一切重大成就，幾乎都與航空發動機參數及性能的改善或新型動力裝置的研製成功有關。20世紀40年代，渦輪噴射發動機的誕生，讓飛機得以突破了音障，此後由於渦輪噴射發動機的性能繼續演進，使得戰鬥機不斷創造出速度與高度的飛行極限。20世紀70年代渦輪風扇發動機機滿足了「空中優勢」戰鬥機的需求，使飛機具備了中、低空格鬥的高機動性。20世紀80年代發動機耐久性、可靠性和維修性的提高，大大提高了飛機的安全性，並且降低了使用維修費用和對環境的污染。20世紀90年代，高推重比的渦輪風扇發動機的進一步發展，使飛機具備了超音速巡航、高機動性、隱身性能以及短距離起降的能力。新的發動機技術為飛機提供了新的任務能力。例如，後燃器的採用，使軍用飛機突破音障並直逼3倍音速，向量噴嘴使得垂直起降飛機成為可能，並使戰鬥機具有過失速的超機動性。航空發動機的研發是一種針對國民經濟各部門（如交通運輸、農業、地質勘探）以及國防服務的綜合性工程，它不僅帶動了航空事業發展，更促進了其他國民經濟以及國防工業的進步。

第五節 發動機的設計要求

飛機按用途可分為民用飛機和軍用飛機兩大類。民用飛機則泛指一切非軍事用途的飛機，其中旅客機、貨機和客貨兩用飛機又統稱為民用運輸機。它必須備具有快速、舒適、安全可靠以及省油的特點。軍用飛機在本書提及的是指戰鬥機，它必須備具有高速以及高機動性的特點。據此，本書將民用飛機與軍用飛機在發動機設計上的一般要求敘述如後：

一、民用飛機在發動機設計上的一般要求

對於民用飛機的發動機來說，在滿足快速、舒適、安全可靠、省油以及適航性的條件下，必須對發動機所做的要求有以下幾點：

1.起飛推力（速度）和推重比，必須要滿足要求。

2.飛機巡航的耗油率，必須盡可能的低，藉以符合成本效益。

3.發動機的安裝必須要使飛機的空氣動力中心（或升力中心）作用於飛機重心的後面，藉以滿足飛機的穩定性。

4.發動機的機件壽命以及平均故障時間必須要配合檢驗時間，維修品質與可靠性必須要佳，藉以保障旅客安全。

5.污染物排放，必須滿足機場當地環境保護部門的規定。

6.噪音必須滿足國際民航組織（ICAO）的規定。

二、軍用飛機在發動機設計上的一般要求

對於軍用飛機的發動機來說，通常軍方根據飛機的戰術技術要求，擬定發動機使用要求。一般而言，軍用發動機的要求主要有有以下幾點：

1.發動機的性能要求，包括發動機空中飛行性能（推力及耗油率）、起動性能、加/減速性能等必須符合作戰需求。

2.發動機的適用性要求，包括發動機在飛行包線內與執行高機動性的飛行動作時，發動機能穩定工作。

3.發動機的安裝必須要使飛機的空氣動力中心（或升力中心）作用於飛機重心的前面，藉以滿足飛機的穩定性。

4.發動機的機件壽命以及平均故障時間必須要配合檢驗時間，維修品質與可靠性必須要佳，使能確保戰機與駕駛員的安全以及作戰任務的遂行。

5.除此以外，軍用發動機因為作戰任務需求，有可能會有其他要求，例如超音速巡航能力、過失速機動能力、推力向量化以及滿足飛機隱身要求的紅外線信號和雷達反射橫截面等考量。

整體來說，對於航空發動機的一般要求是在推進力滿足飛機需要的前提下，達到推重比高、耗油率低、操縱性好、可靠性高、維修性好和環境特性能滿足有關條例的需求。但是具體發動機的設計要求是按所裝飛機的特點和要求來確定的。

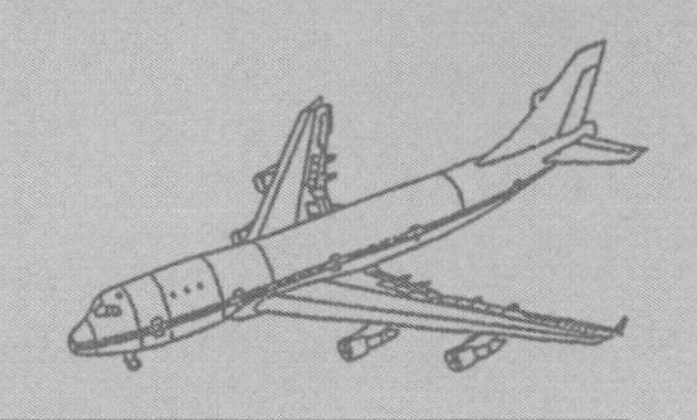

第二章

基礎觀念介紹

本書提及的發動機是指飛機發動機，也就是指搭載在飛機上的動力裝置，也就是活塞式發動機、渦輪噴射發動機、渦輪風扇發動機以及渦輪螺旋槳發動機等四種發動機，由於這四種發動機均屬於吸氣式發動機，要瞭解其工作原理就必須對飛行環境、熱力學基礎以及流體力學的基礎氣流有初步的認知，所以在本章將針對這些基礎的理論逐一介紹。

第一節 飛行環境

一、定義

飛行器在大氣層內飛行時所處的環境條件，我們稱之為大氣飛行環境。飛機活動的範圍主要是在離地面約25km以下的大氣層內，也就是在對流層和同溫層之間，這一特點決定了發動機的設計內容、技術和研究的方向。

一般人會認為對流層的區域範圍是固定不變的，其實不然，對流層的厚度會隨著緯度和季節的變化而變化。一般而言，對流層的厚度在低緯度地區較大（平均為16-18km），高緯度地區平均為8-9km。除此之外，對台海二岸三地（中國、臺灣以及香港）而言，就季節來看，絕大部分地區一般都是夏季對流層較厚，冬季對流層較薄。

二、國際標準大氣的規定

1.大氣可被看成理想氣體，也就是服從理想氣體方程式 $Pv = RT$。

2.以海平面為基準，也就是以海平面的高度為零。在海平面上，大氣的標準狀態為：氣溫是 $T = 15^{O}C = 288.15K$；壓力是 $P = 1atm = 101325Pa$；密度 $\rho = 1.225kg/m^3$ 以及音速是 $a = 341m/s$。

在航空業界，我們常用的壓力可分為絕對壓力與相對壓力二種，常用的溫度度數有攝氏（^{0}C）、華氏溫度（^{0}F）、凱氏溫度（K）以及朗氏溫度（^{0}R）四種。其中前二種為相對溫度，後二種為絕對溫度。在計算發動機壓力、密度以及溫度的變化，我們必須將壓力與溫度轉換為絕對壓力與絕對溫度，其間轉換的公式如下：

一、壓力轉換關係式：$P_{絕對壓力} = P_{大氣壓力} + P_{相對壓力}$

二、溫度的轉換關係式：$^{0}F = \frac{9}{5}{}^{0}C + 32$；$K = {}^{0}C + 273.15$；$^{0}R = {}^{0}F + 459.67$。

三、飛行環境的大氣變化

如前所述，飛機活動的範圍主要是在對流層和同溫層之間。也就是說對流層和同溫層是航空發動機的主要工作環境範圍，因為飛行環境的高度會造成空氣的溫度、壓力以及密度產生變化，進而使發動機的性能發生變化，所以在此我們做一個簡單的介紹。

1.計算公式

飛行環境的溫度、壓力與空氣密度隨著高度的變化情形，我們可用表列公式計算得知，列舉如表一所示。

表一　飛行環境溫度、壓力、密度與高度的關係算式綜整表

	溫度	壓力	密度
對流層（0～11km）	$T = T_1 + \alpha(h - h_1)$	$\frac{P}{P_1} = \left(\frac{T}{T_1}\right)^{-\frac{g_0}{\alpha R}}$	$\frac{\rho}{\rho_1} = \left(\frac{T}{T_1}\right)^{-(\frac{g_0}{\alpha R}+1)}$
同溫層（11～25km）	T=constant	$\frac{P}{P_1} = e^{-\frac{g_0}{RT}(h-h_1)}$	$\frac{\rho}{\rho_1} = e^{-\frac{g_0}{RT}(h-h_1)}$

2.大氣性質的變化情形

飛行環境的溫度、壓力與空氣密度隨著高度的變化情形，我們無論從實際量測與表一公式計算，都可得到相同的結果，說明如後：

（1）溫度變化

飛機在對流層飛行時，發動機所吸入空氣的溫度會隨著高度成直線遞減，其遞減率為$\alpha = -0.0065\ K/m$。如果飛機在同溫層飛行時，發動機所吸入空氣的溫度幾乎保持不變。

（2）壓力與密度變化

隨著飛機的飛行高度上升，大氣的靜壓力與密度值都會隨之變小，這是因為隨著高度的上升，空氣會越來越稀薄的緣故。

第二節 熱力學基礎知識

航空發動機不僅從狹義上是航空器飛行的動力，而且從廣義上也是航空事業發展的推動力。發動機產生動力的工作過程，是以空氣為介質，將燃燒所產生的熱能轉換成氣體的機械能，從而獲得推力的過程。在這個過程中，氣體狀態在不斷變化著，我們必須瞭解這些規律才能理解發動機的制動原理，而這些規律就是熱力學的基礎知識，所以本書在此將熱力學的基礎知識加以介紹，希望能讓讀者便於瞭解後續所提發動機的制動原理。

一、專有名詞介紹

1.系統、環境與邊界

我們求解熱力學問題時，注意力所在之區域，稱之為系統，系統以外之一切事物稱之為環境，系統與環境是由邊界隔開。系統、環境與邊界的關係如圖十一所示。

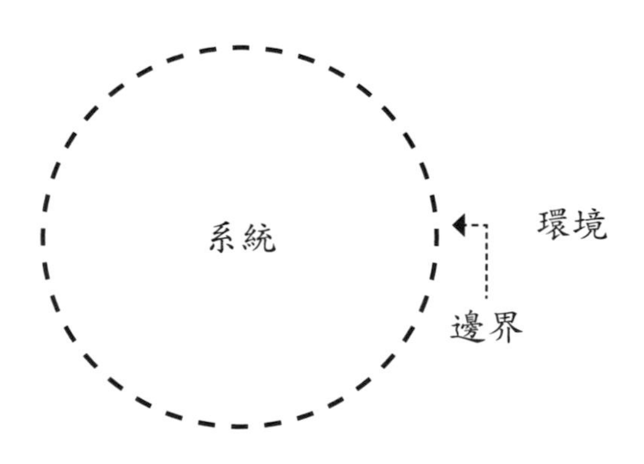

圖十一　系統、環境與邊界的關係示意圖

2.密閉式系統與開放式系統的區分

系統在進行熱力過程時，如果能量的交換，而沒有質量之交換，我們稱這種系統為密閉式系統，如圖十二（a）所示。如果系統在進行熱力過程時，除了能量的交換之外，還有質量之交換，我們稱這種系統為開放式系統，如圖十二（b）所示。

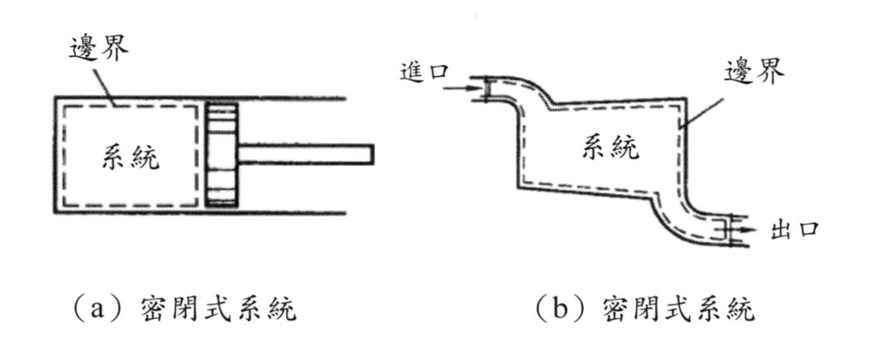

圖十二　系統、環境與邊界的關係示意圖

例如：我們將活塞式飛機中氣體正在進行膨脹或壓縮過程的氣缸選作系統，在忽略活塞與氣缸壁縫隙泄漏的情況下，那麼氣缸就是密閉式系統，如果將渦輪噴射發動機在進行燃燒過程中的燃燒室選作系統，那麼燃燒室就是開放式系統。

3.狀態的定義

系統的狀態是由系統的性質來定義的，例如壓力（P）、溫度（T）與密度（ρ）等，都是系統的性質。它們是用來描述系統當時的情況。

4.過程的定義

系統由初始的平衡狀態經過若干個平衡狀態而達到最後的平衡狀態，其間的平衡狀態就構成一個過程。

二、能量轉換規律（熱力學三大定律）

發動機之所以能產生動力，是因為燃油和空氣在燃燒室內混合後燃燒，向氣體加入了熱能，然後在轉換成機械能或氣體的動能。如果不燃燒加熱，發動機就不可能工作，更不可能產生動力。那麼，氣體在把熱能轉換為機械能的過程中，應該遵循什麼規律？這就是本書在此所敘述的重點，也就是熱力學三大定律，說明如後：

1.熱力學第1st定律

熱力學第1st定律，又稱為能量守恆定律，它是說明系統與外界能量平衡之關係式。它是一個經驗公式，我們無法以其他定義或定理加以說明，就定性方面來解釋，它是說：循環操作下之機構，輸入機構之熱量等於機構對外界所輸出之功。也就是 $\oint \delta Q = \oint \delta W$ 。

2.熱力學第2nd定律

熱力學第1st定律，雖然可以說明系統與外界能量平衡之關係，但是卻無法去預測此一過程是否會進行或輸入熱能給熱機，能得到多少有用功。欲達此目的，就必須使用熱力學第2nd定律。熱力學第2nd定律就定性方面來解釋，可以分別以Kelvin-Planck定理與Clausius定理來加以說明，說明如後：

（1）Kelvin-Planck定理

①單一熱源之熱機無法持續操作。

②我們不能製造一個熱機，其效率達到100%。

（2）Clausius定理：

我們不能製造一裝置，倘若不輸入功，即能將熱由低溫送至高溫。

3.熱力學第3rd定律

熱力學第3rd定律是說系統之絕對溫度為零時，熵值為零。因為只要產生熵就會造成能量損耗，熱力學第3rd定律是說明任何能量轉換的過程都會產生能量損耗。

三、可逆過程

1.定義

如果一個過程在發生後，系統與外界二者，能夠以任何的方式，依照能量守恆的原則，回到過程進行前的狀態，我們稱此過程為可逆過程，如果一個過程不是可逆過程，那麼這個過程就是非可逆過程，非可逆過程在能量轉換的過程會產生能量損耗的效應。

2.極大功過程

可逆過程又稱為極大功過程，因為可逆過程對外界所做的功永遠比非可逆過程對外界所做的功來的大。

3.滿足條件

一個過程要達成可逆過程必須滿足（1）無摩擦。（2）溫度差無限小，熱傳無限慢。（3）壓力差及作用力無限小。（4）無自發性反應。（5）無化學反應。（6）所有的變形完全為彈性變形以及（7）無磁滯作用等條件，事實上，在能量轉換的過程一定會有摩擦或黏滯效應，也不可能會沒有溫度差以及壓力差，因此在能量轉換的過程中，一定會有能量損耗的效應存在。

在實際的過程中，所有的過程都是不可逆的，只是不可逆程度的不同而已。可逆過程雖然不可能實現，但是因為就理論上來看，由於可逆過程中不會產生能量損耗，熱功轉換的效率應該是最高。也就是說可逆過程是實際過程中所能獲得最大有用功的極限值。在工程熱力學中，總是引用可逆過程的概念來研究熱力系統與外界所產生的總效果，以此做為改進實際過程的一個標準和指出努力的方向，並藉由識別造成不可逆的各種實際因素，判別其不利影響，提出最合理的工程方案。

四、理想氣體

氣體的壓力（P）、密度（ρ）與溫度（T）是說明氣體狀態的主要參數，但是這三者之間的關係不是彼此獨立的，而是互相關聯的。在研究發動機性能問題時，我們常用理想氣體方程式來計算空氣壓力、溫度與密度變化的關係，說明如後。它是假設氣體在高溫、低壓以及分子量非常小的情況下，氣體的壓力（P）、密度（ρ）與溫度（T）的關係可以用$P=\rho RT$來表示。但是在使用理想氣體方程式時必須注意，公式中的壓力（P）與溫度（T）都必須使用絕對壓力與絕對溫度。

1.存在條件（假設）

理想氣體是假設氣體在高溫、低壓以及分子量非常小的情況下，如果氣體的壓力（P）、密度（ρ）以及溫度（T）之間的關係可以滿足$P=\rho RT$的關係式，也就是理想氣體方程式。那麼這種氣體，我們稱之為理想氣體。

2.計算公式與變式

在研發動機性能問題時，常用的理想氣體方程式有（1）$Pv=RT$。（2）$P=\rho RT$。以及（3）$PV=mRT$三種，這三種公式看起來似乎形式有所不同，其實只是密度、比容以及質量之間的關係轉換（$\rho=\frac{m}{V}$；$v=\frac{V}{m}$以及$\rho=\frac{1}{v}$）而已。在公式中，壓力（P）與溫度（T）必須使用絕對壓力以及絕對溫度，而R則是空氣的氣體常數，其值為$287\,{m^2}/{\sec^2 K}$。

3.適用條件

在低速飛行時，空氣的性質與理想氣體相差不大，我們可以用理想氣體方程式來計算空氣壓力、溫度與密度變化的關係，大約在航速大於5倍音速左右時，才有必要考慮使用真實氣體的狀態方程式。

五、等熵過程（可逆絕熱過程）

由於在發動機運作時的熱力過程中，往往伴隨著非常複雜的物理以及化學變化，如果要確切地描述在實際熱力過程中的性質變化，在目前條件下還是非常困難。所以我們常用到許多的簡化條件來做性質分析，而在發動機壓縮與膨脹過程的研究中，我們常用等熵過程，也就是可逆絕熱過程，來做簡化條件。說明如後：

1.定義

所謂等熵過程是指過程在進行時，系統與外界並沒有熱量交換，而且在過程進行後，系統與外界二者，能夠以任何的方式，依照能量守恆的原則，回到過程進行前的狀態，我們稱之為等熵過程，又叫做可逆絕熱過程。

2.性質間的關係

在可逆絕熱的過程（等熵過程）中，氣體的壓力（P）、溫度（T）、密度（ρ）與比容之間的關係式為 $\frac{P_2}{P_1}=(\frac{T_2}{T_1})^{\frac{r}{r-1}}=(\frac{\rho_2}{\rho_1})^r=(\frac{v_1}{v_2})^r$，在此 γ 為等熵指數，其值約等於1.33～1.4之間。

事實上，如同前面所說，等熵過程（可逆絕熱過程）是不可能存在的，因此計算所得結果會和實際量測的結果勢必會有一定程度的誤差，所以往往必須利用修正因子加以修正，這是研究發動機性能的工作者應有的認知。

第三節 流體力學基礎知識

由於空氣的氣流特性與變化將影響發動機的性能與效率，因此研究發動機性能的工作者必須對流體力學的基礎理論有所認知，本書在此做一簡單介紹。

一、氣流特性

所謂氣流特性是指空氣在流動中各點的流速、壓力和密度等參數的變化特性。要研究發動機的工作原理，首先必須從瞭解氣流的特性著手，說明如後。

1.穩定性

穩定氣流是指空氣在流動時，空間各點上的參數（壓力、密度以及溫度）不隨時間而變，如果空氣流動時，空間各點上的參數會隨時間而改變，這樣的氣流稱為不穩定氣流。

2.黏滯性

流體在流經物體表面（例如飛機表面或發動機內壁壁面）時，會產生一阻滯物體運動的力量，我們稱之為流體的黏滯性，它是造成發動機的管路產生摩擦損失的主要原因。對於任何管路系統除了流體的黏滯性所造成的主要損失外，導管的出入口大小、管路面積的突然變化與和緩地擴大或縮減、管路的彎曲以及活門開關都是造成管路產生次要損失的原因，在此一併提及。

3.壓縮性

所謂壓縮性是氣流密度變化的程度，在極低速（氣流的流速小於0.3音速時），我們可以將假設流體流場的密度變化忽略不計，也就是 $\rho \equiv constant$ ，這也就是我們耳熟能詳的「不可壓縮流場」的假設，但是當氣流的流速大於0.3音速時，我們就必須考慮流場的密度變化，我們稱此時的流場為「可壓縮流場」。

二、穩定流動的質量守恆定理

如圖十三所示，當流體連續而穩定的流進管路中，在同一時間流進管路的質流量會等於流出管路的質流量，我們稱為穩定流動的質量守恆定理。

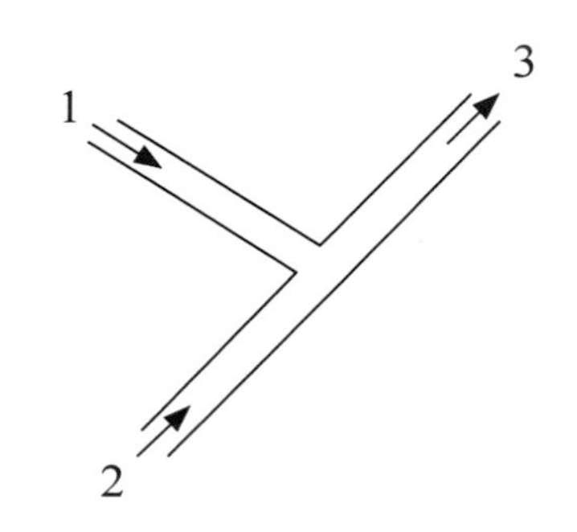

圖十三　質量守恆定理的示意圖

也就是 $\dot{m}_1 + \dot{m}_2 = \dot{m}_3$ ，在此 $\dot{m} \equiv \rho AV$ ，它是每單位時間流經管路的質量，我們稱之為質流量。在發動機中，我們常會看到流體連續而穩定的流過一個粗細不等的流管，在單位時間內，通過截面1和截面2的流體的質量流量必須相等（也就是 $\dot{m}_1 = \rho_1 A_1 V_1 = \dot{m}_2 = \rho_2 A_2 V_2$ ），如圖十四所示。

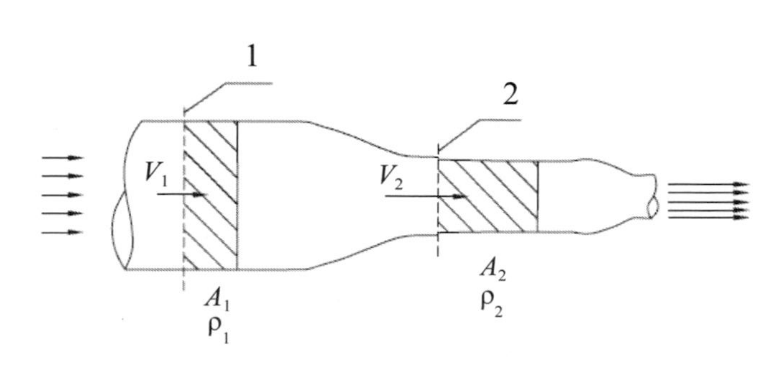

圖十四　質量守恆定理在管路的應用

三、音（聲）速與震波

1.音（聲）速的定義

所謂音速是指聲音傳播的速度，其定義為$a \equiv \sqrt{\left.\frac{\partial P}{\partial \rho}\right|_S} = \sqrt{r\left.\frac{\partial P}{\partial \rho}\right|_T} = \sqrt{rRT}$，在此$\gamma$為等熵指數（$\gamma$=1.4），而R為空氣的氣體常數（$R = 287\, {m^2}/{\sec^2 K}$），從其定義公式可以看出：音（聲）速會隨著溫度的降低而變慢，所以在對流層的高度區間內，高度越高，溫度越低，所以音速也就變得越慢。航空界常使用的音速有二，在地面的音速約為$340m/s$；在離地10km的高度（民航機的巡航高度）的音速約為$300m/s$。

2.馬赫數的定義

馬赫數是氣流流動的速度與音速的比值，也就是$M_a \equiv \frac{流速}{音速} = \frac{V}{a}$，在此V不是表示體積，而是代表氣流流動的速度。

3.震波

（1）發生原因

當物體（通常是航空器）以超音速運動時，在物體前方的空氣無法向次音速運動一樣，事先感受到聲音傳播的擾動，當物體超過音速突然來到跟前，空氣來不及避開，所以產生強烈的壓縮，因此形成空氣中壓力、溫度、速度、密度等物理性質的一個突變面——震波。

（2）震波所造成的影響

通常在航空界為了研究方便，會根據相對運動原理，把震波以速度V_1在靜止氣流中推進的問題，如圖十五（a）所示，轉變成震波位置不變，波前氣流以速度V_1流向震波的問題，如圖十五（b）所示。

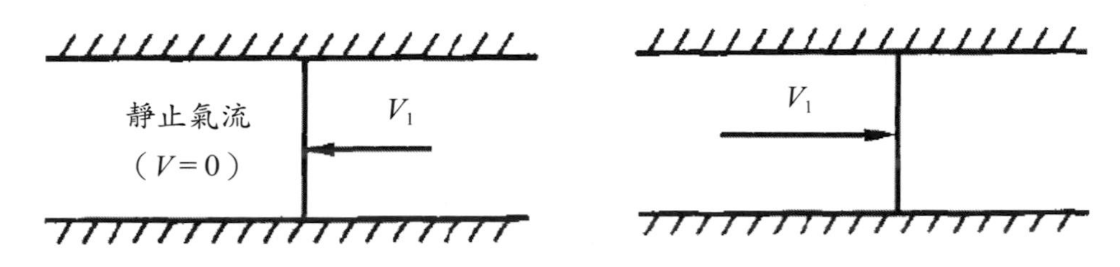

（a）震波向左推進　（b）震波位置不變，波前氣流向右流向震波

圖十五　震波根據相對運動原理所做轉換示意圖

震波是氣體在超音速流動時所產生的壓縮現象，可分成正震波與斜震波二種，說明如後：

①正震波：

如果波前氣流的流動方向與震波的波面垂直（成90°），我們稱此種震波為正震波，如圖十六所示。

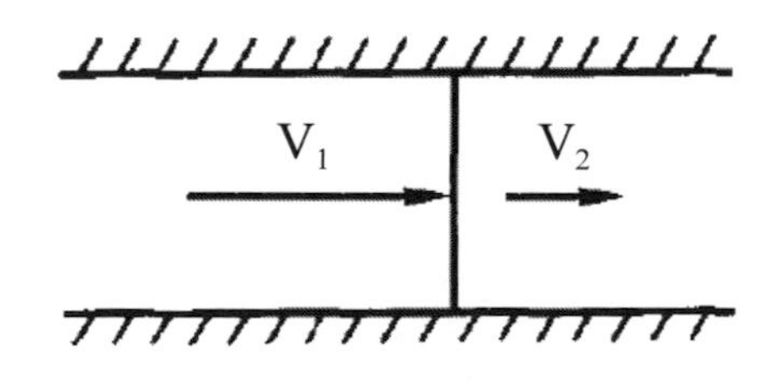

圖十六　正震波示意圖

超音速氣流（V_1）通過正激波，流速會從超音速降為次音速（V_2），但是氣流的壓力、密度以及溫度都會突然大幅升高，氣流方向不變。

②斜震波

如果波前氣流的流動方向與震波的波面並不垂直的傾斜震波稱為斜激波（小於90°），如圖十七所示。

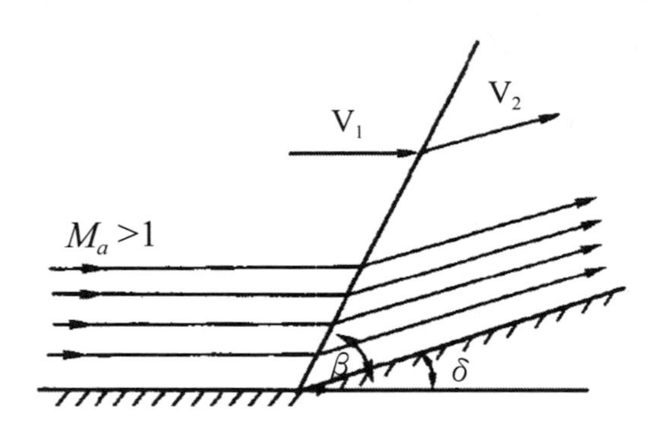

圖十七　斜震波示意圖

空氣流過斜震波，壓力、密度、溫度也都會突然升高，但在同一超音速的馬赫數下，它們的變化不像通過正激波那樣強烈。波後氣流的流速，可能降為次音速，也可能仍為超音速。其波後氣流的性質變化端看斜激波向後傾斜程度而定。

四、噴口面積法則（等熵管流的速度與壓力隨截面變化的情形）

1.公式

將等熵流場（可逆絕熱流場）的音速公式（$a \equiv \sqrt{\left.\frac{\partial P}{\partial \rho}\right|_S}$）、動量方程式（$dP + \rho V dV = 0$）以及連續方程式的微分式（$\frac{d\rho}{\rho} + \frac{dV}{V} + \frac{dA}{A} = 0$）結合，我們可以得到以下關係式：

（1）$\frac{dA}{A} = (M_a{}^2 - 1)\frac{dV}{V}$。

（2）$\frac{dA}{A} = (\frac{1 - M_a{}^2}{\rho V^2})dP$。

（3）$dP = -\rho V dV$

2.物理意義

從上面公式中我們可得二個重要的觀念，敘述如後。

（1）在次音速管流（$M_a < 1$）中，當流管的面積變大時，則氣流的速度變小與壓力變大；當流管的面積變小時，則氣流的速度變大，與壓力變小。

（2）在超音速管流（$M_a > 1$）中，當流管的面積變大時，則氣流的速度變大與壓力變小，當流管的面積變小時，則氣流的速度變小與壓力變大。

從噴口面積法則所發現的物理觀念乃是設計燃氣渦輪發動機進氣道、擴散器以及噴嘴的主要關鍵基礎。

燃氣渦輪發動機的內部流場在到達音速後，空氣的質流率會被局限在音速時的質流率，也就是航空發動機的內部流場超過音速後，空氣的質流率不變，這種現象我們稱之為阻塞（Choke）現象。。

第二篇

航空發動機介紹

◎ 活塞式航空發動機的基礎概念

◎ 民用運輸機的動力裝置（燃氣渦輪發動機）

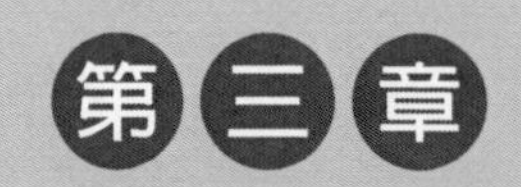

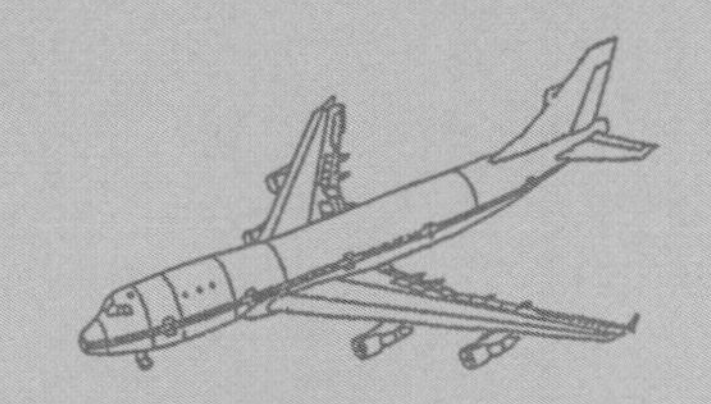

活塞式航空發動機的基礎概念

活塞式飛機的發明對其後百年中航空業具備重大的影響與意義，從1903年第一架飛機升空到第二次世界大戰末期，所有飛機都用活塞式航空發動機為飛機的動力裝置，然而由於活塞式航空發動機的動力小，所以逐漸被燃氣渦輪發動機所取代，目前活塞式航空發動機僅用於輕型飛機的低速飛機（例如私人飛機、初級教練機及小型運輸機）上。但是隨著目前二岸的交流頻繁，觀光旅遊業的盛行，許多業者紛紛配合觀光景點著手策劃載客量小以及短程飛行的觀光行程，基於活塞式航空發動機在低空低速飛行時的效率高而且造價低廉的特點，未來可能會成為觀光業者的新寵兒。本章在此，針對其基礎概念做一簡單介紹。

第一節 活塞式飛機的制動原理與應用限制

一、活塞式飛機的制動原理

如圖十八所示，活塞式飛機的制動原理飛機是藉由內燃機的原理，使在氣缸內產生的動力，經由傳動軸將馬力傳輸至螺旋槳，帶動飛機的螺旋槳拍擊大氣空氣並使空氣加速向後流動時，造成空氣對螺旋槳產生反作用力（拉力）來拉動飛機，使飛機向前推進。

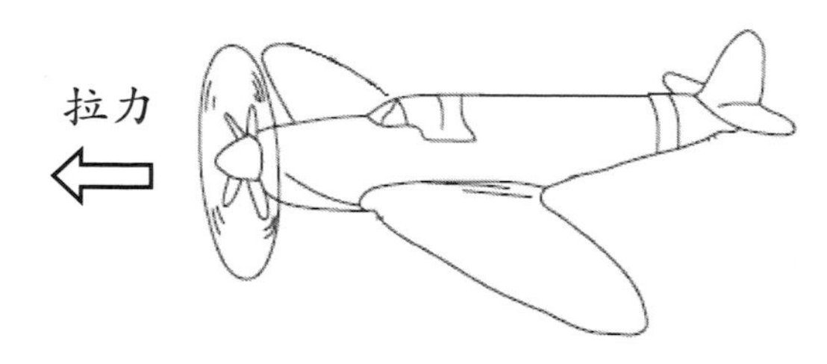

圖十八　活塞式發動機飛機的制動原理

二、活塞式飛機的應用限制

由於活塞式飛機是藉由螺旋槳拍擊大氣空氣，並使空氣加速向後流動時產生使飛機向前的驅動力，在高空的時候，空氣稀薄，螺旋槳拍擊空氣的作用不易發揮，因此限制了活塞式發動機飛機飛行高度；在低空的時候，如果要加快飛行速度，那麼高速旋轉的螺旋槳，在其槳葉尖端也會引發音障效應，而使得螺旋槳效率大大降低，而要增加發動機的推力，就要增加發動機氣缸的容積和數量，但這卻會導致發動機本身的重力和體積成倍增長，並使飛機阻力猛增，而且會因為發動機重力過重而使飛機內部結構無法安排。這些問題導致了活塞式發動機只能應用於載重量小，而且只能在低空低速的輕型飛機和超輕型的飛機。

近年來，網路在某些有心不肖人士的宣染下，流傳著一種奇怪的説法，那就是「增加螺旋槳效率的方法是增加轉速」。事實上，近代大功率的活塞式航空發動機多具備高轉速的特性，但是限於螺旋槳之構造及材質不能承受過度的離心力，而且過高的轉速，可能會使螺旋槳葉尖附近的相對速度接近音速，造成槳葉嚴重的震動，因而降低螺旋槳的效率。所以對於大功率的活塞式航空發動機，在曲軸和螺旋槳軸之間必須裝有減速齒輪組（減速器），使得螺旋槳軸的轉速低於曲軸的轉速。增加轉速不僅無法增加螺旋槳效率，反而會使得螺旋槳因為旋轉阻力所造成的損失增加，同時當螺旋槳的轉速超過最大轉速的限制時，會造成螺旋槳超轉，造成螺旋槳的效率急劇下降，並且連帶引起發動機軸超轉，導致使活塞、連杆、曲軸等構件受力急速增加，造成發動機的構件損壞，產生嚴重的飛安事件。

第二節 活塞式飛機的動力裝置

如圖十九所示，活塞式發動機是提供活塞式飛機飛行動力的往復式內燃機，發動機帶動空氣螺旋槳等推進器旋轉產生飛機向前的推進力，其本身不能產生推進力。只能藉由傳動軸輸出功率來帶動螺旋槳，由螺旋槳產生拉力，所以活塞式發動機（熱機）加螺旋槳（推進器）稱為活塞式飛機的動力裝置。

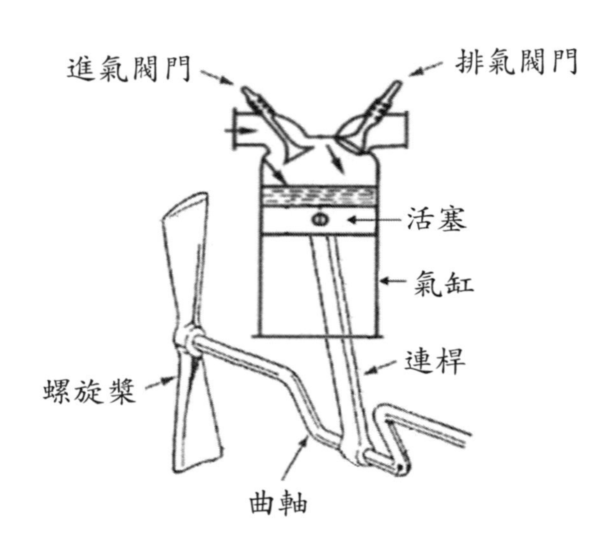

圖十九　活塞式發動機的外觀示意圖

第三節 活塞式飛機動力裝置的制動原理

如同前面所說作為活塞式飛機的動力裝置時，發動機與螺旋槳是不能分割的。也就是說活塞式發動機（熱機）必須與螺旋槳（推進器）結合，才能成為活塞式飛機的動力裝置。因此本書在此針對活塞式發動機與螺旋槳的制動原理加以描述。

一、活塞式發動機的制動原理

活塞式航空發動機大多是四行程內燃機，依據活塞在汽缸運動的行進過程，將內燃引擎的工作循環分成進氣、壓縮、做功以及排氣等四個過程，如圖二十所示。

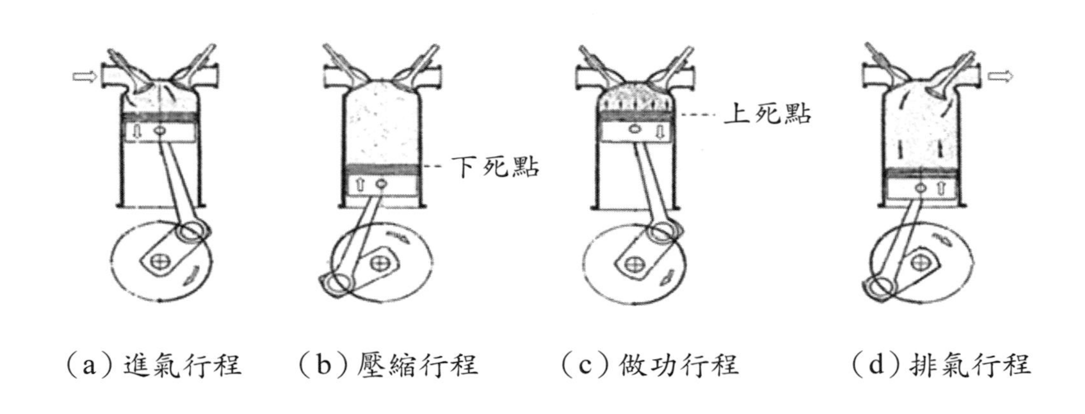

圖二十　活塞式發動機（四行程內燃引擎）的工作循環示意圖

1.進氣行程

在進氣行程中，排氣閥門始終關閉。活塞在上止（死）點時進氣閥門打開。因此，當活塞從上止（死）點向下止（死）點移動時，氣缸內容（體）積擴大，壓力減小，在氣缸內外壓力差的作用下，混合氣經過進氣閥門進入氣缸。當活塞到達下止（死）點時，進氣閥門關閉，不再進氣，於是進氣行程結束。

2.壓縮行程

在進氣行程之後，活塞從下止（死）點往上止（死）點移動，此時汽缸內之容（體）積愈來愈小，由於進氣閥門和排氣閥門都關閉著，使氣缸內的容（體）積不斷縮小，混合氣受到壓縮，因而壓力和溫度升高。當活塞到達上止（死）點時，壓縮行程也就結束。

3.做功行程

在壓縮行程結束後，火星塞產生電火花，將壓縮後的混合氣點燃。此時混合氣爆發燃燒。做功行程就是混合氣燃燒膨脹作功的一個行程，也就是發動機產生動力的一個行程，在做功行程中，進氣閥門和排氣閥門仍然關閉著，混和氣在點火後的瞬間全部燒完，放出大量的熱能，燃氣的溫度和壓力急劇升高。在燃氣膨脹的同時，巨大的壓力推動活塞，使活塞從上止（死）點向下止（死）點移動，因此對外做功。燃氣在膨脹作功的過程中，所佔的容（體）積逐漸擴大，壓力和溫度不斷下降，直到活塞到達下止（死）點，做功行程結束。

4.排氣行程

燃氣在做功行程結束以後，就變為廢氣。為了再次把新鮮的混合氣送入氣缸，以便連續工作，就必須把廢氣排出氣缸。排出廢氣的工作，便是靠排氣行程來完成的。在排氣行程中，進氣閥門仍然關閉，但是排氣閥門打開，因為氣缸內外的壓力差的緣故，廢氣從下止（死）點向上止（死）點移動，當活塞到達上止（死）點時，排氣行程結束。

因為活塞式發動機航空發動機從進氣行程開始到排氣行程結束，活塞必須上下往返二次，所以是四行程內燃機。又因為活塞必須週而復始的連續工作，以維持發動機的動力輸出，所以又稱為往復式發動機。

二、螺旋槳制動原理

如圖二十一所示，槳葉型（槳葉剖面）與翼型（機翼剖面）相似，螺旋槳產生拉力的原理與機翼產生升力的原理相同。所不同的是前者與空氣的相對運動，是由其轉動形成的，而後者則是向前運動所形成的。螺旋槳轉動時，槳葉便與空氣產生了相對運動。流過槳葉前槳面的氣流就像流過機翼上表面一樣，流速較快，所以壓力較低，氣流流過後槳面時，就像氣流流過機翼表面一樣，流速較慢，所以壓力較高，由於槳葉前後形成的壓力差就形成了螺旋槳的拉力。

$$V_1 > V_2 \Rightarrow P_2 > P_1$$

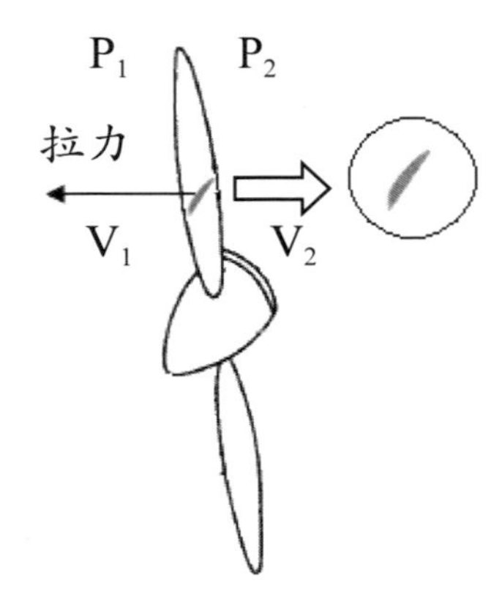

圖二十一　螺旋槳葉剖面與拉力產生的示意圖

第四節 活塞式飛機動力裝置的動力與效率

如同前面所說，活塞式飛機的動力裝置時，發動機與螺旋槳是不能分割的。也就是說活塞式發動機（熱機）必須與螺旋槳（推進器）結合，才能成為活塞式飛機的動力裝置。因此本書在此，亦將其分成二個部份介紹。

一、活塞式航空發動機的動力與效率

1.動力

評量活塞式航空發動機的驅動能力是以馬力為單位，馬力是功率的單位，在一秒鐘之內完成550磅-呎，或在一分鐘內完成33000磅-呎的功，即稱為一馬力。其所使用的馬力，可分為指示馬力（I.H.P）、實用馬力（B.H.P）以及摩擦馬力（F.H.P）等三種。由於實用馬力是發動機螺旋槳軸之輸出馬力，它是活塞式航空飛機發動機的制動馬力，所以一般我們所稱活塞式航空發動機的馬力，是指實用馬力之最大值。

發動機所使用的是活塞式航空發動機、渦輪噴射發動機、渦輪風扇發動機以及渦輪螺旋槳發動機等四種發動機。由於活塞式發動機與渦輪螺旋槳發動機主要是藉由發動機帶動飛機的螺旋槳使飛機產生向前的驅動力（拉力），所以評量發動機的驅動能力是以「馬力」為單位。但是渦輪噴射發動機與渦輪風扇發動機是藉由向後噴射的高速氣流，產生向前的反作用力來推進飛機，所以我們不以馬力做為評量渦輪噴射發動機與渦輪風扇發動機的驅動能力的單位，而是以「推力」做為其評量驅動能力的單位。

2.有效效率

活塞式航空發動機的有效效率等於實用功率與單位時間加入的燃油完全燃燒所產生熱能的比值。發動機的有效效率值愈大，則代表其在燃燒過程所造成的機械損失與熱損失越小。影響活塞式航空發動機有效功率與有效效率的因素主要包括壓縮比、轉速、高度、進氣壓力和溫度、餘氣係數（燃油與空氣的混合程度）、飛行速度等因素。除此之外，發動機的氣門機構作用時間不當、進氣狀況不良、散熱情況不好以及火星塞工作的好壞等因素也對有效功率有所影響。由於篇幅所限，本書不詳加細述，如果讀者想要更進一步瞭解，可參閱拙著「活塞式飛機的動力裝置」，或是其他航空相關文獻。

3.額定高度

對於有增壓器的活塞式航空發動機，在某一高度以下可保持進氣壓力恆定，在此高度以下發動機的功率會隨著高度增加而略有增加，但是超過此一高度，發動機的功率將會隨高度的增加而下降，我們稱此高度為額定高度。

二、螺旋槳的效率

1.滑移（退）

如圖二十二所示，螺旋槳轉一周，理論上應前進的距離與實際前進距離的差距，我們稱為滑移或滑退，滑移（退）現象所代表的是功率的損失，也代表了螺旋槳效率的衰退。

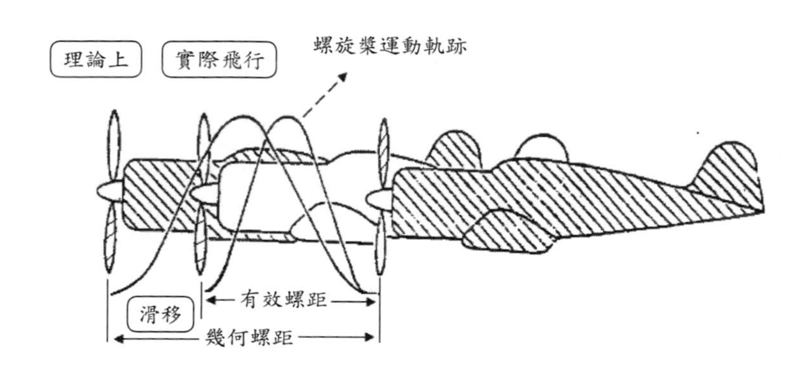

圖二十二　螺旋槳滑移現象的示意圖

2.螺旋槳效率的定義

螺旋槳的效率為螺旋槳的有用功率與發動機輸出到螺旋槳軸的實際功率（發動機的實用功率）之比值，也就是：$\text{螺旋槳效率}=\dfrac{\text{螺旋槳的有用功率}}{\text{發動機的實用功率}}$，因為螺旋槳的有用功率又稱為拉力功率，而發動機輸出到螺旋槳軸的實際功率（發動機的實用功率）又稱為發動機的有效功率，所以螺旋槳的效率又可表示為：$\text{螺旋槳效率}=\dfrac{\text{螺旋槳的拉力功率}}{\text{發動機的有效功率}}$，一般螺旋槳的效率為50%～85%。

3.增進螺旋槳效率的方法

影響螺旋槳效率的因素很多，例如螺旋槳的幾何條件、大氣的狀態以及空氣動力的性質等，則是設法改變其影響因素，使其氣動力狀態獲得最佳值。由於螺旋槳效率的優化設計與考慮因素繁多，限於篇幅，本書不詳加細述，如果讀者想要更進一步瞭解，可參閱拙著「活塞式飛機的動力裝置」，或是其他航空相關文獻。

活塞式飛機是由活塞式航空發動機與螺旋槳所組成，所以活塞式飛機動力裝置的整體推進效率是活塞式航空發動機的有效效率與螺旋槳效率的乘積。

第五節 活塞式航空發動機與燃氣渦輪發動機的差異

一、就穩定性來看

活塞式航空發動機的壓縮、燃燒與膨脹均發生在同一氣缸，其動力呈間歇性的輸出，而渦輪發動機的壓縮、燃燒與膨脹是發生在不同構件，所產生的動力是是穩定且毫無間斷的均衡輸出。

二、就使用的燃油來看

活塞式航空發動機所使用的燃油是高品質的航空汽油，而渦輪發動機卻是使用相當廉價的低蒸餾品，軍方稱為JP-4或JP-5，民用則為煤油與其他油料摻合起來的燃料。

三、就成本性來看

活塞式航空發動機的構造簡單與維修簡易，所以製造與維修成本較低。而渦輪發動機的構造較為精密與複雜，所以製造與維修成本較高。

四、就使用性來看

活塞式航空發動機的體積與質量較小，適合小型飛機以及中短程飛行使用，而渦輪發動機則適合大型飛機長程飛行使用。

五、就產生的動力大小來看

活塞式航空發動機所產生的動力小，而渦輪發動機所產生的動力大，但是渦輪發動機卻有二大缺點：1是須要較大的進氣量。2是燃油消耗率較高。

動力不足以及低空低速始終是活塞式航空發動機的致命傷，所以目前逐漸被燃氣渦輪發動機所取代。但是由於觀光旅遊業的盛行，許多業者紛紛配合觀光景點著手策劃載客量小、短程以及低速飛行的觀光行程。活塞式發動機造價低、低空低速時的效率高、起動性能良好、易於維修以及省油的特性，未來可能會成為觀光業者的新寵兒。

第四章

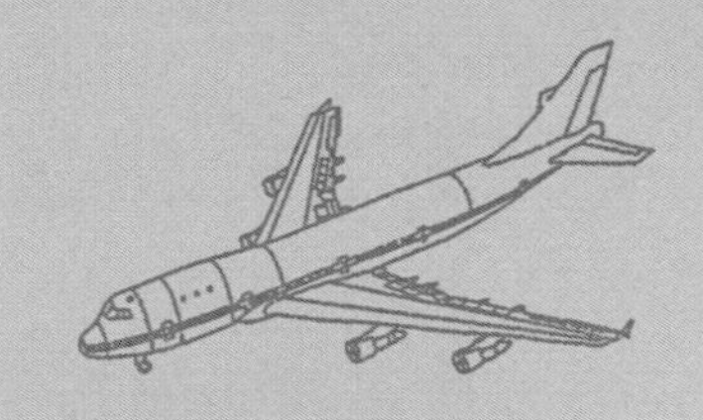

民用運輸機的動力裝置（燃氣渦輪發動機）

發動機是飛機的動力裝置，對於民用飛機的發動機來說，主要是滿足快速、舒適、安全可靠以及最大限度地降低飛行成本，由於裝載渦輪發動機的飛機速度快，載量大，維護簡便以及經營成本比活塞式飛機低，所以現代民用運輸機主要是裝用渦輪噴射發動機、渦輪風扇發動機的噴氣飛機和渦輪螺旋槳飛機，而以活塞式發動機為動力裝置的飛機已不被用於主要航班運輸。本章在此針對此三種發動機做一簡單介紹，敘述如後：

第一節 渦輪噴射發動機

一、噴氣式飛機產生推力的原理

如圖二十三所示，噴氣式飛機靠著燃料燃燒時產生的向後噴射的高速氣體作用於空氣上，根據牛頓第三運動定律（作用力與反作用力），所以空氣會產生一個大小相等、方向相反以及作用在同一直線上的向前推力，推動飛機前進，這也就是噴氣式飛機產生推力的由來。

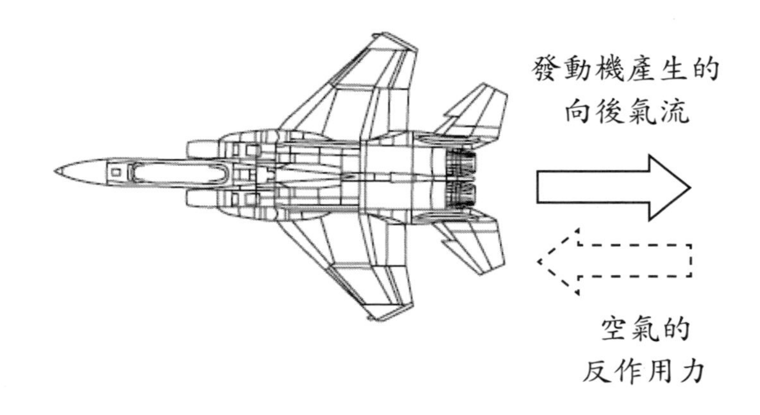

圖二十三　噴氣式飛機產生推力的原因示意圖

二、渦輪噴射發動機的工作原理

如圖二十四所示，現代渦輪噴射發動機的結構是由進氣道、壓縮器、燃燒室、渦輪和噴嘴所組成的，戰鬥機的渦輪和噴嘴之間還有後燃器，在戰鬥時可以達到瞬間增加推力的作用。

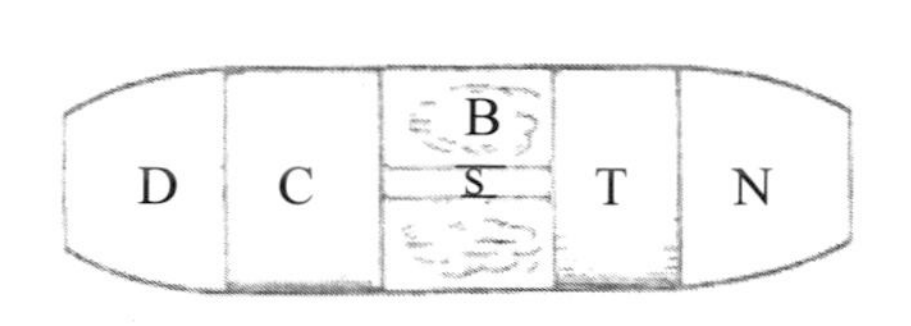

D-進氣道（Diffuser/ Air Inlet Duct）
C-壓縮器（Compressor）
B-燃燒室（Burner/ Combustion Chamber）
T-渦輪（Turbine）
N-噴嘴（Nozzle）
S-傳動軸（Shaft）

圖二十四　渦輪噴射發動機的結構示意圖

渦輪噴射發動機仍舊是屬於熱機的一種，因此必須遵循熱機的做功原則：在高壓下輸入能量，低壓下釋放能量。因此，從產生輸出能量的原理上講，噴氣式發動機和活塞式發動機是相同的，都需要有進氣、加壓、燃燒和排氣這四個階段，不同的是，在活塞式發動機中這4個階段是分時依次進行的，但在渦輪噴射發動機中則是連續進行的，因此渦輪噴射發動機所產生的動力是穩定且毫無間斷的均衡輸出。

三、渦輪噴射發動機的特性

渦輪噴射發動機的優點是具高空運轉的特徵；其缺點是無法要求其在低速時產生大推力。這是因為該類發動機必須吸入大量空氣，當飛機採用高速飛行時，可獲得足夠的進氣質量與進氣動能，以充分發揮其性能。尤其是在高空運作下，空氣密度雖低，但阻力小更能展現其經濟效益與性能；但若低速飛行，反而易因進氣不足而無法發揮其性能特性，例如，在飛機起飛時常需要使用較長的跑道來獲得較大的空速，藉以產生足夠的推力。

四、渦輪噴射發動機的推力

1.淨推力公式：$T_n = \dot{m}_a(V_j - V_a) + A_j(P_j - P_{atm})$

2.總推力公式：$T_g = \dot{m}_a(V_j) + A_j(P_j - P_{atm})$

3.公式各項所代表的意義

(1) T_n：淨推力

(2) T_g：總推力

(3) $\dot{m}_a$：空氣的質流率（$\dot{m} = \rho AV$）

(4) V_j：引擎的噴射速度

(5) V_a：空速

(6) A_j：引擎噴嘴的出口面積

(7) P_j：引擎噴嘴出口的壓力

(8) P_{atm}：周遭的大氣壓力

4.淨推力與總推力相等的情況：當空速（V_a）等於0時，也就是飛機在地面試車或引擎在試車臺試車時。

五、噴射發動機的效率

一般而言，在比較發動機性能時，通常會採用推進效率（Propulsive Efficiency）、發動機熱效率（Thermo- efficiency）或整體推進效率（Overall Efficiency）來做為指標，分別定義如後：

1.推進效率

噴射發動機的推進效率為飛機飛行功率（推力與飛行速度之乘積）與排氣噴嘴輸出功率（單位時間所產出之噴氣動能）之比值。

2.熱效率

噴射發動機的熱效率為排氣噴嘴輸出功率與渦輪進氣功率（單位時間之吸氣能量與燃燒所產之熱能）之比值。

3.整體推進效率

噴射發動機的整體推進效率為飛機飛行功率與渦輪進氣功率（單位時間之吸氣能量與燃燒所產之熱能）之比值。因此噴射發動機的整體推進效率等於推進效率與發動機熱效率之乘積。

發動機的效率愈高，代表其能量損耗（機械能損與熱損失）愈少，在噴射發動機設計中，我們常用增加壓縮器的壓縮比來提高其效率，但是壓縮比到達到一定值，增加壓縮器的壓縮比對發動機的熱效率提升不大，反而會因為發動機的重量增加造成推進效率與整體推進效率的降低。

六、渦輪噴射發動機的性能簡介

渦輪噴射發動機的轉速高、推力大、直徑小，主要適用於超音速飛行，飛行速度最大可到達2～3倍音速，但是其主要的缺點是燃油消耗率過高，特別是低速時更大，所以經濟性差。除此之外，由於排氣速度大，噪音也較大。

第二節 渦輪螺旋槳發動機

由於渦輪噴射飛機存在使用成本過高、低速機動性能差以及低速燃油消耗率過高等諸多缺陷。雖然在注重高速飛行的戰鬥機，這個問題可以忽略不計，但是在注重經濟性的民用飛機，燃油消耗率大的問題却是不可接受的，因此有渦輪螺旋槳發動機的出現。

一、渦輪螺旋槳飛機產生推力的原理

螺旋槳飛機，是指空氣通過螺旋槳將發動機的功率轉化為推進力的飛機。而裝有渦輪式發動機的螺旋槳飛機則被稱為渦輪螺旋槳飛機。渦輪螺旋槳發動機與渦輪噴射發動機在工作原理上雖然類似，但是在飛機產生向前驅動力卻截然不同，渦輪螺旋槳發動機主要是以螺旋槳產生的拉力為主（約佔90%），而噴射氣流所產生的推力大約只佔10%。由於飛機的驅動力是以螺旋槳產生的拉力為主，所以和活塞式發動機一樣，受限於在高空的時候，空氣稀薄，螺旋槳拍擊空氣的作用不易發揮，因此限制了渦輪螺旋槳飛機的飛行高度，且飛機在高速時，高速旋轉的螺旋槳，在其槳葉尖端也會引發音障效應，而使得螺旋槳效率大大降低，此類發動機在中、低空高度及次音速之空速下可產生較大的推力（空速為0.5馬赫時，其推進效率極佳），在現代飛機中除超音速飛機和高次音速幹線客機外，渦輪螺旋槳飛機仍佔有重要地位。支線客機和大部分通用航空中使用的飛機的共同特點是飛機重量和尺寸不大、飛行速度較小和高度較低，要求有良好的低速和起降性能，而渦輪螺旋槳飛機則恰好能夠適應這些要求。

二、渦輪螺旋槳發動機的工作原理

如圖二十五所示，渦輪螺旋槳發動機是由螺旋槳、減速齒輪箱、進氣道、壓縮器、燃燒室、渦輪和噴嘴所組成的。

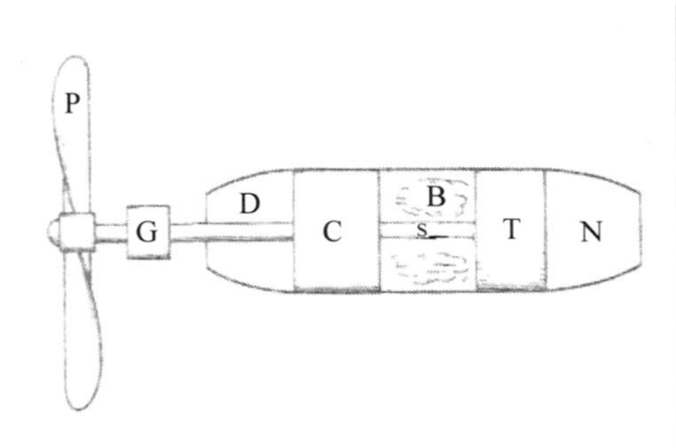

P-螺旋槳（Propeller）
G-減速齒輪箱（Gearbox）
D-進氣道（Diffuser/ Air Inlet Duct）
C-壓縮器（Compressor）
B-燃燒室（Burner/ Combustion Chamber）
T-渦輪（Turbine）
N-噴嘴（Nozzle）
S-傳動軸（Shaft）

圖二十五　渦輪螺旋槳發動機的結構示意圖

渦輪所產生之動力大部份是用來驅動螺旋槳，一般而言，螺旋槳的槳葉半徑長度都會大於同軸旋轉的壓縮器葉片之徑向尺寸。如果二者用相同轉速運轉，則螺旋槳葉尖端將會因高速旋轉而產生音障效應。因此螺旋槳必須經由一組減速齒輪箱加以減速，藉以避免螺旋槳因轉速太高而使得螺旋槳效率大幅降低。

三、渦輪螺旋槳發動機的優缺點分析

1.優點

（1）渦輪螺旋槳發動機在飛機飛行速度低於700km/h時，推進效率比渦輪噴射發動機以及渦輪風扇發動機高。

（2）和活塞發動機相比，渦輪螺旋槳發動機在相同的重量下可以提供更大的功率，而且發動機截面積小，所受阻力較小。除此之外，在速度較高時，燃油消耗率也比活塞式發動機小。而且，渦輪螺旋槳發動機是燃燒價格較低的煤油，所以就經濟性來看，比活塞發動機高。

2.缺點

（1）渦輪螺旋槳發動機在中速飛行時，推進效率極佳，但受限螺旋槳推進方式，速度越大，推進效率反而越低。

（2）和渦輪噴射發動機以及渦輪風扇發動機相比，渦輪螺旋槳發動機隨著飛行速度增加，會使得阻力大增，造成飛行上之瓶頸。

第三節 渦輪風扇發動機

由於渦輪螺旋槳發動機的螺旋槳推進方式，造成其在飛行速度、尺寸以及飛行阻力方面的限制，因此渦輪風扇發動機因應而生，目前在大型飛機上渦輪螺旋槳發動機逐步被渦輪風扇發動機所取代，但在中小型運輸機和通用飛機上，渦輪螺旋槳發動機仍佔有一席之地。

一、渦輪風扇發動機產生推力的原理

渦輪風扇發動機產生推力的原理與渦輪噴射發動機相同，都是利用牛頓第三運動定律（作用力與反作用力），使飛機產生向前的推力，但是因為增添了風扇裝置，所以同時兼具渦輪噴射發動機與渦輪螺旋槳發動機的優點，既具備了渦輪螺旋槳發動機於低空速時良好的操作效率以及高推力，同時也具有渦輪噴射發動機高空與高速的性能，其結構與設計特性在高次音速與超音速時，都具有極佳之推進效率，所以逐漸成為現代民航機與戰機的新主流。

二、渦輪風扇發動機的工作原理

如圖二十六所示，渦輪風扇發動機是由進氣道、壓縮器、燃燒室、渦輪、噴嘴和旁通導管所組成的。

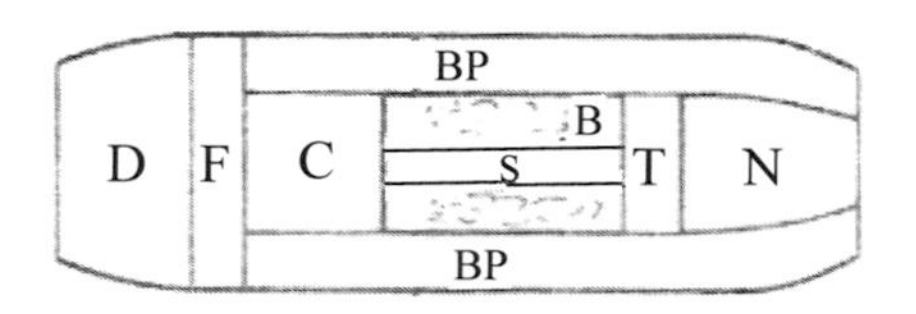

D-進氣道（Diffuser/ Air Inlet Duct）
F-風扇（Fan）
C-壓縮器（Compressor）
B-燃燒室（Burner/ Combustion Chamber）
T-渦輪（Turbine）
N-噴嘴（Nozzle）
S-傳動軸（Shaft）
BP-旁通導管（Bypass Duct）

圖二十六　渦輪風扇的結構示意圖

置於壓縮器前端的風扇，可視為壓縮器的一部份，用來增加流入空氣的壓力，流過風扇後，分成兩路，其中一部份的空氣經由壓縮器進入發動機的燃燒室參與燃燒，燃氣經由渦輪和噴嘴膨脹後，以高速從噴嘴排出。而另一部份的空氣則由旁通導管通過，可直接排入大氣，或是和進入燃燒室參與燃燒的燃氣混合，一起從噴嘴排出。渦輪風扇發動機的總推力是進入發動機燃燒室參與燃燒的氣流和流經旁通導管的氣流所產生的推力之總和。

三、旁通比的定義

所謂旁通比（bypass ratio）是指渦輪風扇發動機流經旁通導管的空氣流量與流進發動機燃燒室參與燃燒的空氣流量之比值。也就是不經過燃燒室的空氣流量與通過燃燒室的空氣流量之比值，現代多數民航機引擎的旁通比通常都在5以上。

低旁通比的渦輪風扇發動機通常配有後燃器，以高油耗為代價，可在短期獲得更大的推力，可用於超音速飛行，通常使用於戰鬥機。

四、渦輪風扇發動機的性能簡介

1.和渦輪噴射發動機相比，渦輪風扇發動機多了風扇加速旁通氣流的運用機制，可使得渦輪風扇發動機在較低的速度讓大量空氣獲得加速來提供額外的推力，使飛機在起飛與最初爬昇時較渦輪噴射發動機產生更大的推力及效率，並讓渦輪風扇發動機在相同推力需求下，燃油的消耗率較渦輪噴射發動機節省。除此之外，渦輪風扇發動機的旁通氣流包覆燃氣或是與燃氣混合，可以減緩排氣噴嘴出口處與外在大氣之間的壓力差與流速差，使得渦輪風扇發動機的排氣噪音較渦輪噴射發動機為低。

2.和渦輪螺旋槳發動機相比，由於渦輪風扇發動機的扇形裝置在發動機內部，旋槳葉片的徑向長度較短，所以避免了旋槳在高速運轉時，因為槳葉尖端所產生的音障效應，而造成旋槳效率嚴重損失的情況。除此之外，也因為渦輪風扇發動機的扇形裝置在發動機內部與旋槳葉片的徑向長度較短，因此，渦輪風扇發動機在高速時所造成的飛行阻力也較小。

由於渦輪風扇發動機具備大推力、省油耗、噪音低、航速高等優異性能，既兼具渦輪噴射發動機與渦輪螺旋槳發動機的優點，也無渦輪噴射發動機與渦輪螺旋槳發動機的缺點，所以逐漸成為現代民航機與戰機的新主流。

第三篇

渦輪噴射發動機的基本部件

◎ 冷段部件

- 進氣道
- 壓縮器

◎ 熱段部件

- 燃燒室
- 渦輪
- 噴嘴

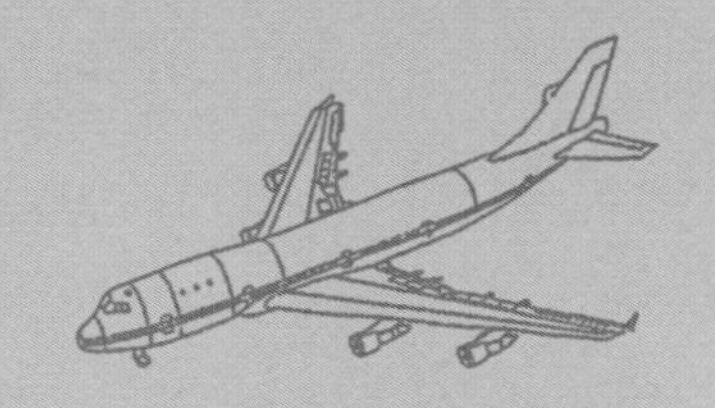

渦輪噴射發動機的基本部件（一）——冷段部件

如同第四章所介紹，渦輪噴射發動機、渦輪螺旋槳發動機以及渦輪風扇發動機的基本構造大致相同，都是以進氣道、壓縮機、燃燒室、渦輪和噴嘴所組成的，所不同的是渦輪螺旋槳發動機增添了螺旋槳與減速齒輪箱裝置，而渦輪風扇發動機增添了風扇裝置，其間裝置與制動原理的差異，由於本書已經在第四章詳細說明，所以此後不在贅述。

如圖二十七所示，渦輪噴射發動機的基本部件是由進氣道、壓縮器、燃燒室、渦輪以及噴嘴等五個部份所組成，從進氣道進入的空氣在壓縮器中被壓縮後，進入燃燒室內與噴入的燃油混合燃燒，生成高溫高壓燃氣。燃氣在膨脹過程中驅動渦輪作高速旋轉，將部分能量轉變為渦輪功。渦輪帶動壓氣機不斷吸進空氣並進行壓縮，使發動機能連續工作。

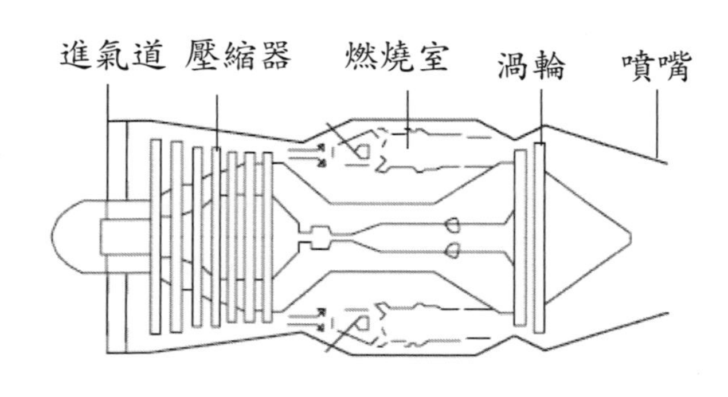

圖二十七　渦輪噴射發動機的外觀示意圖

通常在燃燒室前面的部件，我們稱為冷段部件，也就是進氣道與壓縮器為冷段部件，而燃燒室、渦輪以及噴嘴等部件，我們稱為熱段部件。為使讀者對發動機的制動原理有更進一步的影響，本書在此將逐一對各個基本部件做詳細說明。

第一節 進氣道

一、基本觀念

1.衝壓原理

如圖二十八所示，飛機在次音速飛行時，空氣流經擴散式的進氣道時，空氣的流速會減小，同時壓力與溫度會升高，也就是進氣氣流受到壓縮，空氣由於本身速度降低而受到的壓縮，叫做衝壓壓縮。

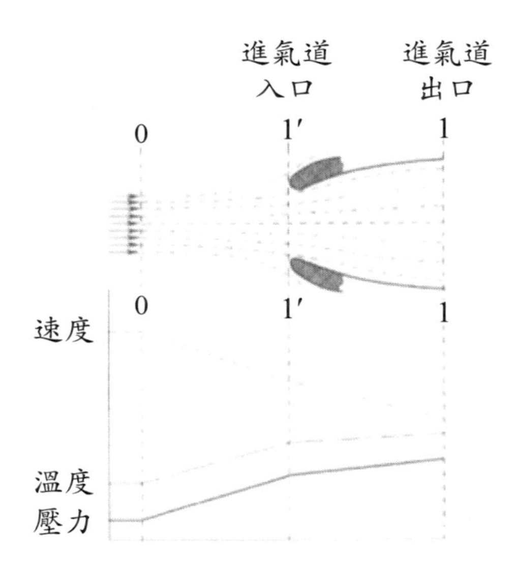

圖二十八　進氣道的衝壓原理示意圖

2.震波

震波是氣體在超音速流動時所產生的壓縮現象，震波可分成正震波與斜震波二種，如果震波與流經氣流的角度成90°，我們稱之為正震波。如果震波與流經氣流的角度小於90°，我們稱之為斜震波。震波會導致總壓的損失，斜震波所造成的總壓損失遠小於正震波。

二、進氣道的功用

進氣道在渦輪噴射發動機的主要功能有二：一是吸入空氣與減速增壓，另一則是提供穩定氣流給壓縮器。其主要的作用是將空氣在進入壓縮機之前調整到發動機能夠正常運轉的狀態。除此之外，進氣段的另一需求是回收因摩擦、亂流以及其他因素所造成的壓力能損失。

三、進氣道的設計原則

進氣道的功能主要是讓進入壓縮器的空氣能夠充分的減速且穩定平順，所以其設計時須考量一、減少氣流扭曲及亂流的發生，另一則是避免超音速飛行時在進氣道內之震波擾動。

四、進氣道的工作原理

在發動機理論探討中只有次音速氣流（$M_a < 1$之氣流）與超音速氣流（$M_a \geq 1$之氣流），在次音速時是利用衝壓原理來達到減速增壓的目的，而在超音速時則是利用震波來達到減速增壓的目的。所有常規噴氣發動機都只能吸收速度約0.5馬赫的氣流，否則發動機效率會大大降低，並可能引發發動機喘振等問題。

五、進氣道的構造

就如同前面所說的一樣，進氣道可分成次音速進氣道與超音速進氣道，其內部構造與工作原理說明如後：

1.次音速進氣道

如圖二十九所示，次音速進氣道主要由殼體和前整流錐組成。殼體為擴張型的，形成一個流動通道。前整流錐位於殼體中央，有半圓形和錐形兩種形狀，其主要的作用是使進氣道出口處的氣流流場分佈均勻，並減少流經進氣道時，壓力能損失。由於有前整流錐，使進氣道的氣流通道分為前、後兩段。前段是由殼體單獨構成的擴張型通道，在這段通道裏，氣流的速度下降，壓力升高，溫度升高。後段是由殼體和前整流錐構成的環形通道，在這一段，通道面積稍有收斂，氣流速度稍有增加，導致壓力略有下降，這樣有利於減少流經進氣道時，壓力能損失。

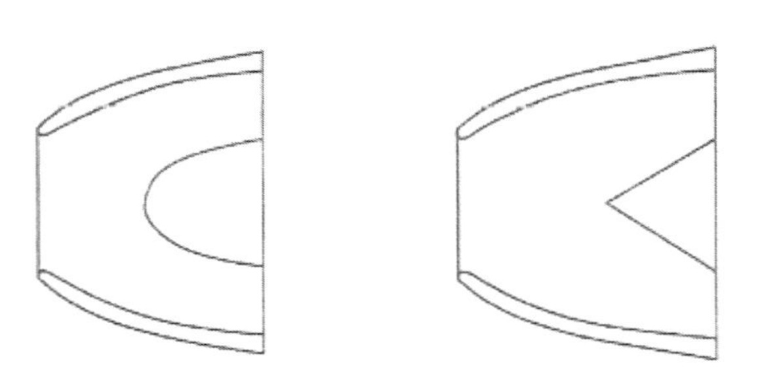

圖二十九　次音速進氣道的構造示意圖

次音速飛機之進氣口形狀多為圓形，圓形進氣口的結構效率高，有助降低進氣段的重量，且對外物所造成之損壞也有較佳的抵抗性，適用於短艙發動機。

2.超音速進氣道

如同前面所說的，所有常規噴氣發動機都只能吸收速度約0.5馬赫的氣流，否則發動機效率會大大降低，並可能引發發動機喘振等問題。超音速進氣道是利用震波來達到減速增壓的目的，由於斜震波所造成的總壓損失遠小於正震波，所以超音速進氣道的設計理念是使進氣氣流先產生斜震波減速後，再形成震波將進氣氣流從音速降至次音速。

依照震波系組織的形式不同，一般超音速進氣道分為「內震波式」超音速進氣道與「外震波式」超音速進氣道二種，震波系全部在進氣道內的，我們叫做「內震波式」超音速進氣道，震波系全部在進氣道口外的，我們叫做「外震波式」超音速進氣道。說明如後：

（1）內震波式超音速進氣道

內震波式超音速進氣道多採長方形或方形的進氣口，如圖三十所示，超音速氣流流入進氣道時，在前緣處流動方向發生轉折，產生原生震波，由於在管道內震波的相交和管道內壁的反射作用，又產生一系列的相交和反射震波；原生震波與相交和反射激波組成斜激波系，氣流通過斜激波系後，速度減小，在管道最小橫截面處（喉部），氣流速度減小到音速。在喉部以後，管道擴散，氣流又略為加速，最後通過正震波而成為次音速氣流，流入壓縮器。

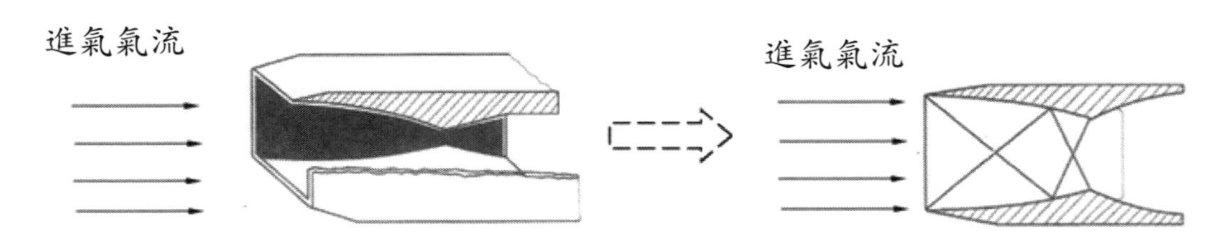

圖三十　內震波式超音速進氣道的構造與原理示意圖

內震波式超音速進氣道在設計時常遇到的問題是起動時，氣流在進氣道前發生阻滯，氣流無法完全進入進氣道，其次是當發動機的需氣量減少，正震波會被推出管外，造成離體震波，它不會自動消失，必須重新起動。

（2）外震波式超音速進氣道

如同前面所說，由於斜震波所造成的總壓損失遠小於正震波，所以超音速進氣道的設計理念是使進氣氣流先產生斜震波減速後，再形成震波將進氣氣流從音速降至次音速，外震波式超音速進氣道為了產生斜激波，通常在進氣道內安裝一個伸到進氣道口外的中心錐體，如圖三十一（a）所示。

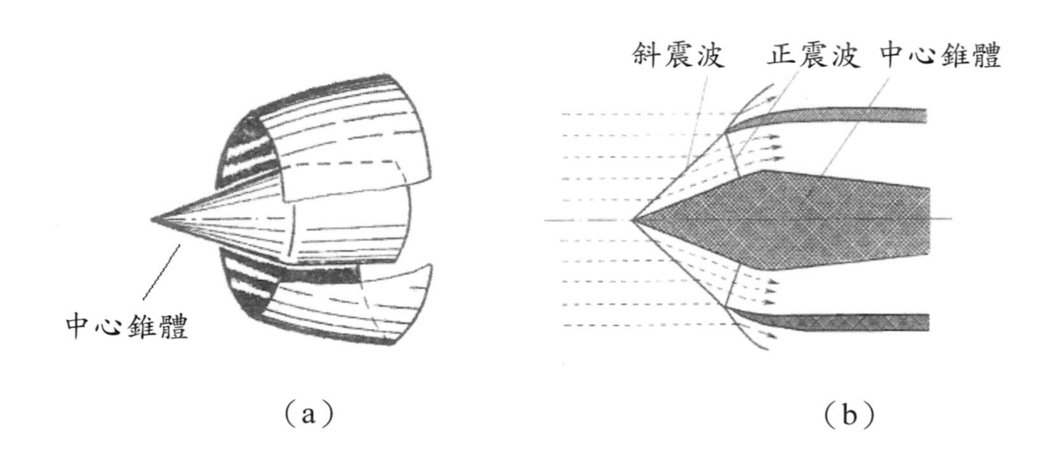

圖三十一　外震波式超音速進氣道的外形構造與原理示意圖

當超音速氣流流過時，遇到錐體而發生轉折，產生斜震波。氣流通過斜震波後，氣流的流動方向逐漸轉折，直到與錐面平行為止。但是斜震波後的氣流速度雖然減小，卻仍然大於音速，必須通過一道正震波，才能降為次音速，在設計時我們必須設法使這道正震波剛好產生在進氣道的進口。

在圖三十一中，進氣道內的震波，是由一道斜震波和一正震波組成，因此，我們叫做「雙波系外震波式超音速進氣道」，如果我們在錐面上再做個轉折角，如圖三十二所示，則氣流通過第一道斜震波後，遇到錐面上的轉折角，將再發生一次轉折而產生第二道斜震波和第三道正震波，也就是說我們用一道斜激波和一道更弱的正激波代替了雙波系外震波式超音速進氣道中的那個正激波，像這樣的進氣道叫做「三波系外震波式超音速進氣道」。三波系外震波式超音速進氣道的壓力損失比雙波系外震波式超音速進氣道要小。

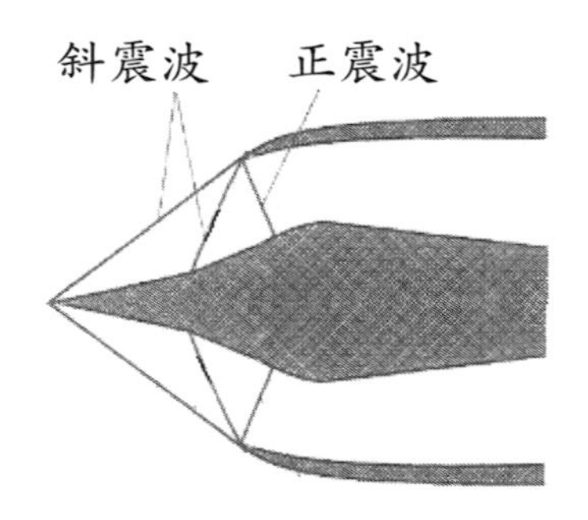

圖三十二　三波系外震波式超音速進氣道的構造與原理示意圖

雖然外震波式超音速進氣道中的斜震波數目越多，壓力損失越小。但是增加進氣道中的斜震波數目，意味著中心錐體的複雜度，也使得氣流的總轉折角增大，造成進氣道外殼的擴散程度也要增大，造成較大的外部震波阻力。

第二節 壓縮器

發動機工作時，燃氣渦輪會帶動壓縮器的工作葉片（葉輪或轉子）高速轉動，由於工作葉片不斷地高速轉動，因此壓縮器進氣處的空氣變得很稀薄，導致壓縮器進口處的壓力下降，形成一個低壓區，於是，空氣便經由進氣道不斷進入壓縮器。

一、壓縮器的功用

普通大氣壓力的空氣摻和燃油之混合氣，點燃後產生的燃氣膨脹的程度不足作有用的功推動航空器，空氣經加壓，然後摻和燃油，點燃後的燃氣才能使發動機順利工作。壓縮器的主要功用是壓縮空氣，並提供穩定氣流送入燃燒室燃燒，所以是渦輪噴射發動機的主要部件之一。

二、壓縮比的定義

在一定限度範圍內，增加壓縮機的壓縮能力，將會提高渦輪噴射發動機的推力。通常壓縮機的壓縮性能是用壓縮比為指標，所謂壓縮比是流經壓縮器氣流的壓力成長倍數，也就是壓縮器出口氣流的壓力與壓縮器入口氣流的壓力的比值。其公式定義為：$\text{壓縮比} \equiv \dfrac{\text{壓縮器出口氣流的壓力}}{\text{壓縮器入口氣流的壓力}}$ 。

三、壓縮器的設計原則

1.採用適度的壓縮比

雖然在一定限度範圍內，增加壓縮機的壓縮比，提高渦輪噴射發動機的推力，但是壓縮比增加到一定值後，所增加的推力有限，如果繼續增加壓縮比反而會造成發動機的重量增加，導致飛機的飛行速度降低。

2.具備大量的吸氣能力

渦輪噴射發動機的特點必須吸入大量空氣，才可獲得足夠的進氣質量與進氣動能，產生足夠的推力。所以壓縮器在設計上除要求較高壓縮比外，還必須具備大量之吸氣能力，方可獲至理想推力。

除此之外，壓縮器的摩擦損失、氣流的穩定度以及結構的強度，也是壓縮器設計時，所必須考量的要項。

四、壓縮器的分類

壓縮器之類型可分為離心式壓縮器（輻流式）及軸流式壓縮器兩種類型，兩者都是由渦輪所驅動並直接裝置於渦輪傳動軸上。其外部構造分別如圖三十三（a）與三十三（b）所示，各類壓縮器的元件與制動原理說明如後。

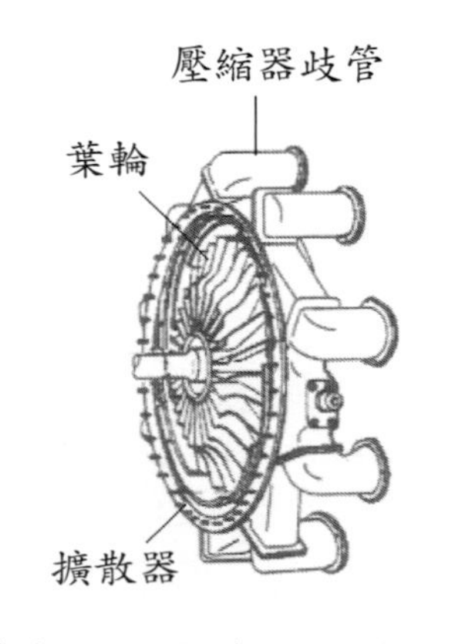

（a）離心式（輻流式）壓縮器

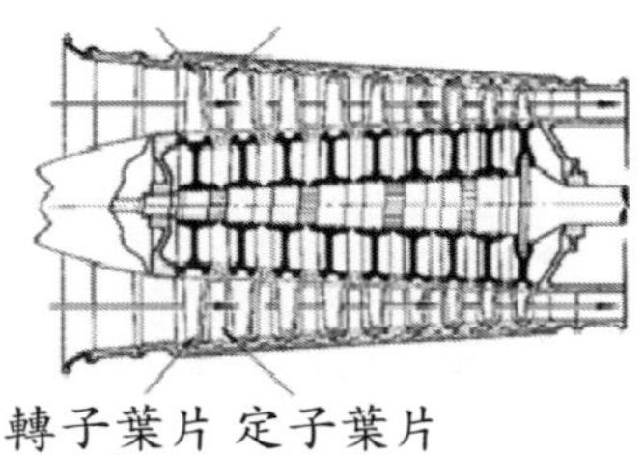

（b）軸流式壓縮器

圖三十三　壓縮器的分類與構造示意圖

1.離心式壓縮器

（1）組成元件

如圖三十四所示，離心式壓縮器的組成元件主要包括葉輪、擴散器以及壓縮器岐管三個主要部份，其中葉輪的功用是藉由渦輪傳動軸帶動，使氣流的速度以及壓力增加。擴散器的功用是減速增壓達到壓力上升的目的。而壓縮器岐管的功用是改變氣流方向，使輸出至燃燒室的氣流平順。

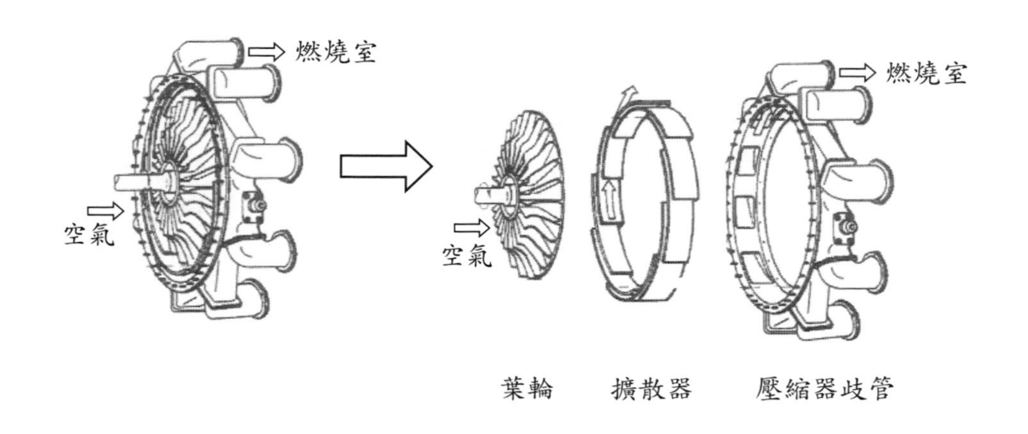

圖三十四　離心式壓縮器組成元件的示意圖

（2）制動原理

如圖三十五所示，當葉輪被渦輪傳動軸所帶動而產生高速旋轉，進氣氣流進入葉輪中心後，離心力會迫使氣朝葉輪之邊緣方向急速加速，並沿葉片流向葉輪尖端，此時進氣氣流的流速增加，壓力亦隨之上升（葉輪對氣流作功）。當氣流離開葉輪後進入擴散器中，漸擴式通道會將氣流大部份的動能轉化為壓力能，所以氣流的流速下降而壓力則再次升高。實際上，氣流的壓力之升高一部份發生於葉輪，另一部份則發生於擴散器中。

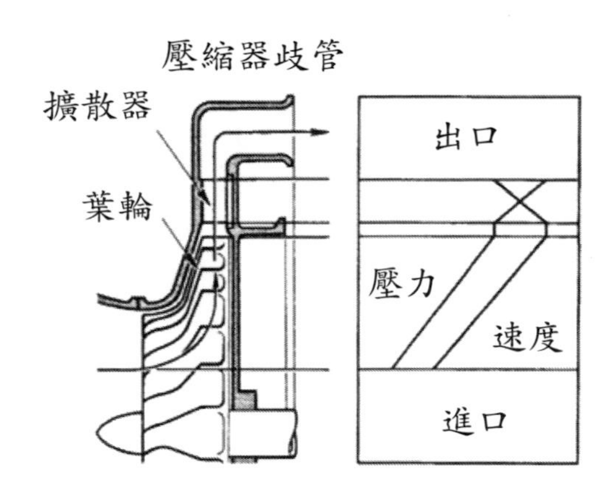

圖三十五　離心式壓縮器的制動原理示意圖

2.軸流式壓縮器

（1）組成元件

如圖三十六所示，軸流式壓縮器為多級壓縮器，每一級都是由轉子葉片及定子葉片所組成，各級所提升的壓力極小，也就是各級壓縮器的壓縮比極小（單級的壓縮比約在1.1至1.2之間），由於現役的渦輪噴發動機一般為8～12級壓縮器，所以就整體而言，軸流式壓縮器的壓縮比要比單級的離心式壓縮器要大很多，如此設計主要是希望流經壓縮器的氣流平順，因而獲得較高效率之壓縮效應。其中轉子葉片的功用是藉由渦輪傳動軸帶動，使氣流的速度以及壓力增加，而定子葉片的功用和離心式壓縮器的擴散器相同，是藉由擴散作用達到減速增壓的目的。

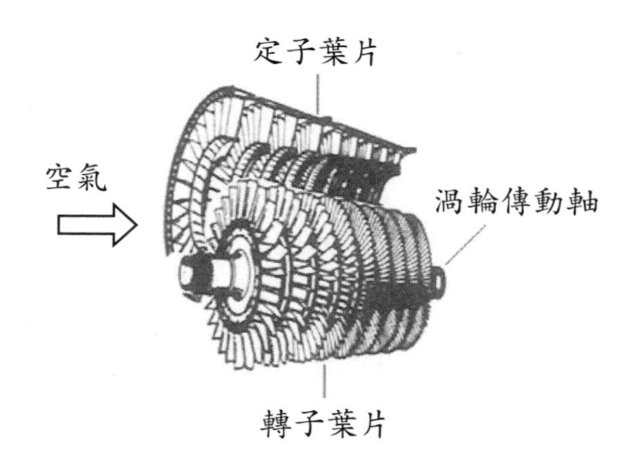

圖三十六　軸流式壓縮器組成元件的示意圖

（2）制動原理

如圖三十七所示，當轉子葉片被渦輪傳動軸以高速帶動，空氣氣流連續地被吸入壓縮器，氣流被轉子強迫加速並流入下游處鄰近之定子葉片，氣流進入定子葉片後，會在定子葉片通道產生擴散作用達到減速增壓的目的，並引導氣流以最佳的角度進入次一級轉子葉片進行另一次工作流程。

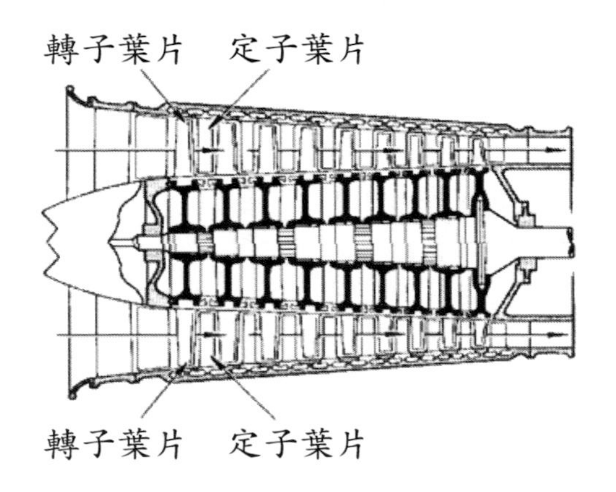

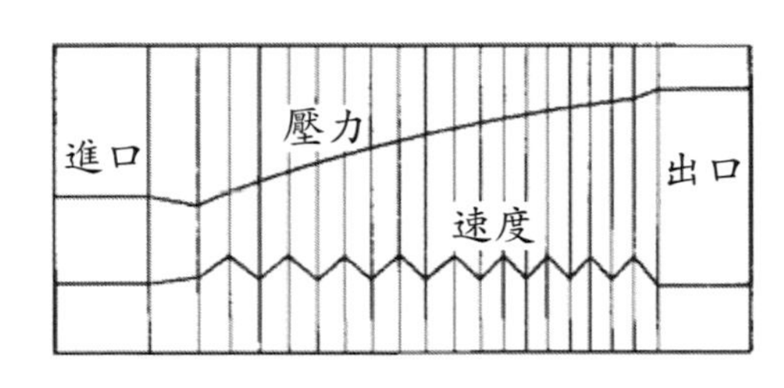

圖三十七　軸流式壓縮器的制動原理示意圖

由於空氣在軸流壓縮器內一級一級地增大壓力，密度將逐級地變大，為了使氣流沿軸向的流量大致相等，軸流壓縮器內的氣流通道也必須是逐漸變窄。

3.離心式壓縮器與軸流式壓縮器的優缺點分析

為使讀者更清楚離心式壓縮器與軸流式壓縮器二者的差異，本書將離心式壓縮器與軸流式壓縮器的優缺點做一規納，詳如表二。

表二　離心式壓縮器與軸流式壓縮器的優缺點分析表

離心式壓縮器 （centrifugal compressor）	軸流式壓縮器 （axial compressor）
結構簡單	結構複雜
造價低廉	造價較高
為提高單級壓縮比，葉輪半徑要加大，影響前視面積。	為提高壓縮比，需增加壓縮級數，將影響發動機長度。
對單級而言，離心式壓縮器的壓縮比較大。	由於軸流式壓縮器採多級壓縮，故整體而言，軸流式壓縮器的壓縮比要比單級的離心式壓縮器要大。
高轉速時，葉輪葉尖速度會超過音速，而造成震波，降低壓縮效率。	高轉速時由於葉片半徑短，葉尖速度不易超過音速。

五、雙軸式壓縮器

1.設計理念

雙軸式壓縮器是將軸流式壓縮器分為低壓壓縮器以及高壓壓縮器二部份，低壓壓縮器在前，高壓壓縮器在後，各以單獨之高、低壓渦輪軸帶動，後段的高壓壓縮器由控油器以機械的方式控制其轉速，前段的低壓壓縮器則容許其自由旋轉，自行尋求最佳之運轉速度。從音速的公式 $a=\sqrt{\gamma RT}$ ，我們可知隨著溫度的增加而增加；由於高壓壓縮器的空氣溫度較低壓壓縮器為高，所以其音速值亦較高。就如同飛機螺旋槳的限制一樣，壓縮器運轉時，其葉片尖端速度不可以超過音速，否則其工作效率將大幅衰退。由於高壓壓縮器處之音速值較高，所以高壓壓縮器可以允許較高的轉速，而使其葉尖速度仍然保持在音速以下，因此高壓壓縮器的轉速較低壓壓縮器為大。

2.優點

如同前面所說，雙軸式壓縮器的高壓壓縮器可以允許較高的轉速，而使其葉尖速度仍然保持在音速以下。再則此型壓縮器啟動時僅帶動較輕之高壓壓縮器，故開車時所需之動力可大為減少。除此之外由自由旋轉的低壓壓縮器主持低壓壓縮器與高壓壓縮器的匹配（低壓壓縮器的轉速與高壓壓縮器的轉速之比值），可以使得雙軸式壓縮器達到很高的壓縮比（約為17左右），而無工作不穩定的情況發生。

六、壓縮器之失速

1.定義

壓縮器失速乃是因為空氣流量不正常通過壓縮器所致，當流經平滑氣流壓縮器被破壞時，則會有失速現象發生。輕微的失速現象雖在短時間內影響發動機之操作，但並不足以使壓縮器受損，然而嚴重之失速則會造成發動機熄火。

2.發生原因

壓縮器（發動機）失速發生的原因大抵可分成氣流不穩定（空氣亂流）、進氣口的平穩氣流遭到阻礙（結冰或外物損傷、壓縮器性能降低（污染、刮傷或葉片尖端間隙過大）、攻角因素與大動作的飛行等。除非是因為進氣口的氣流受到阻擋或發動機內部機件故障，否則發動機失速只需緩緩收回油門，再慢慢向前推動油門，就可使得發動機恢復正常運轉。

多級壓縮器之各級所具有的氣流場分佈各自不同，因此在各種操作環境，各級之氣流特性必須注意匹配。所謂壓縮器失速是指僅一級或數級氣流型態受破壞，當情況持續惡化直至各級均失速，則壓縮器即成衝激。從失速過渡至衝激甚為快速，不易察覺。輕微失速可能僅造成微幅震動或加（減）速不良之特性，對發動機運轉無損害或影響不顯著。較嚴重之壓縮器失速可由渦輪進氣溫度增高、震動或壓縮器的異響得知，而衝激則會造成發動機巨響或渦輪進氣溫度明顯升高。

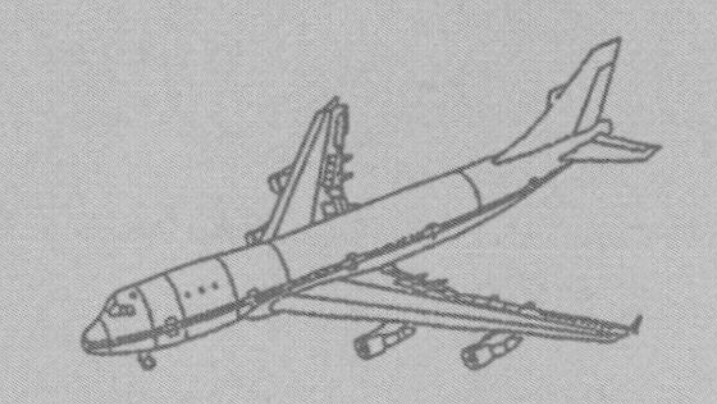

第六章

渦輪噴射發動機的基本部件（二）——熱段部件

如圖三十八所示，渦輪噴射發動機的基本部件是由進氣道、壓縮器、燃燒室、渦輪以及噴嘴等五個部份所組成，從進氣道進入的空氣在壓縮器中被壓縮後，進入燃燒室內與噴入的燃油混合燃燒，生成高溫高壓燃氣。燃氣在膨脹過程中驅動渦輪作高速旋轉，將部分能量轉變為渦輪功。渦輪帶動壓氣機不斷吸進空氣並進行壓縮，使發動機能連續工作。

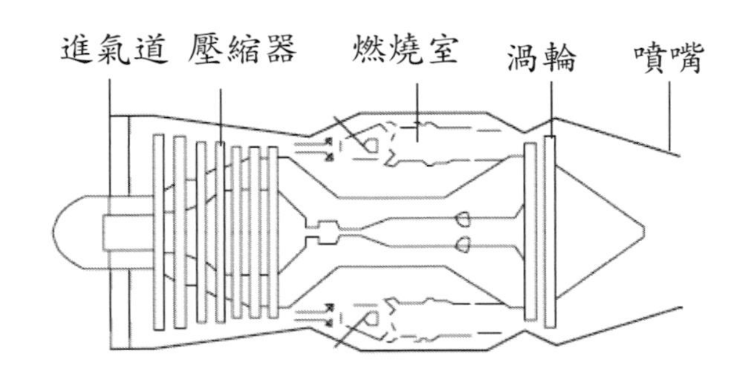

圖三十八　渦輪噴射發動機的外觀示意圖

通常在燃燒室後面的部件，我們稱為熱段部件，也就是燃燒室、渦輪以及噴嘴等部件，本書在此將逐一對熱段的基本部件逐一介紹，說明如後。

第一節 燃燒室

一、基本觀念

1.燃燒三要素

燃燒需要三種要素並存才能發生，這三種要素分別是可燃物（例如燃料）、氧化劑（又稱助燃物，例如燃料）以及溫度，所以可燃物、氧化劑以及溫度，我們稱之為燃燒三要素。當燃料與氧化劑達到某一特定溫度時，就會燃燒產生火焰，此一特定溫度，我們稱之為燃點。

2.預混火焰

（1）定義

火焰依據燃燒時，燃料與氧化劑混合的狀況不同，可以分成擴散火焰與預混火焰二種。擴散火焰是燃燒發生時，燃料與氧化劑並未預先混合所產生的火焰，而預混火焰是燃燒發生時，燃料與氧化劑已經預先混合好，所產生的火焰。

（2）特性

預混火焰因為燃料和氧化劑在燃燒發生時已經充分混合，燃燒較穩定且效率較高，所以現代的航空發動機都是以預混火焰的形式進行燃燒。對於液態燃料的燃燒，必須先將燃料霧（汽）化後，並使燃料和空氣混合形成混合氣後，才能進行燃燒，燃燒室的空氣燃油混合比在接近15：1時，方為有效燃燒。

（3）火焰的傳播速度

預混火焰的傳播速度是火焰相對於未燃氣體的運動速度，如果火焰的傳播速度小於混合氣（燃料和空氣混合所產生的氣體）的流速，則火焰會不斷向後移動，最後會被吹出燃燒室，而造成發動機熄火停車的危險。如果火焰的傳播速度大於混合氣（燃料和空氣混合所產生的氣體）的流速，火焰會向前移動，可能會有回火的危險現象發生。如果火焰傳播速度與混合氣（燃料和空氣混合所產生的氣體）的流速相等，火焰的位置會維持不變，會形成穩定點火源。不斷流來的新鮮混合氣流過這一位置時，就被加熱、點燃以及燃燒，最後形成燃燒產物後，然後被帶離開這一位置。由於渦輪噴射發動機的燃燒過程是在流動氣體中來進行的，要保持穩定燃燒，火焰的傳播速度必須要等於混合氣（燃料和空氣混合所產生的氣體）的流速。

3.餘氣係數

所謂餘氣係數是指在發動機的燃燒室內的燃油與空氣所形成混合氣中的空氣質量和燃油完全燃燒所需要的空氣質量之比值，我們稱為餘氣係數。餘氣係數可用$\alpha = \frac{m_{air,混合氣}}{m_{air,完全燃燒}}$公式來表示。其中$\alpha > 1$，我們定義為貧油，$\alpha < 1$，我們定義為富油。實驗證明，在渦輪噴射發動機的燃燒室內，混合氣的餘氣係數。接近於1（約為0.9～1；也就是略為富油的狀態），火焰傳播速度最大。餘氣係數（α）的增大或減小，都會造成火焰傳播的速度減小，其變化情形如圖三十九所示。超過某一極限值時，火焰就不能傳播。火焰能夠傳播的最大的餘氣係數，我們稱之為「貧油熄火極限」，而火焰能夠傳播的最小餘氣係數，我們稱之為「富油熄火極限」。

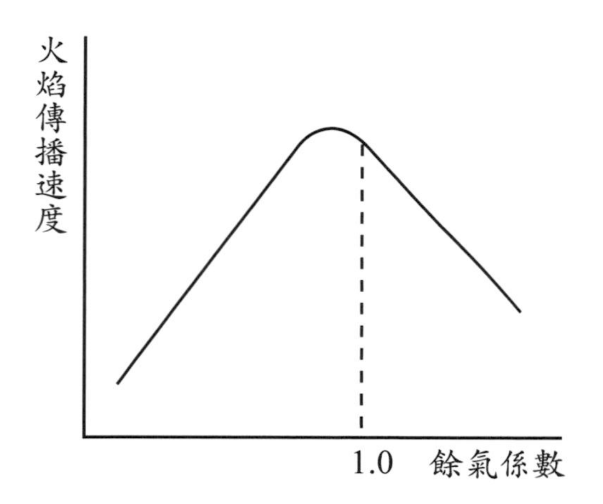

圖三十九　火焰傳播速度與餘氣係數的關係

4.進入燃燒室的空氣分布情況

如圖四十所示，壓縮器出口氣流的僅有25%進入燃燒室參與燃燒，其餘75%用以冷卻燃燒室襯筒，再與燃氣混合後流向渦輪。

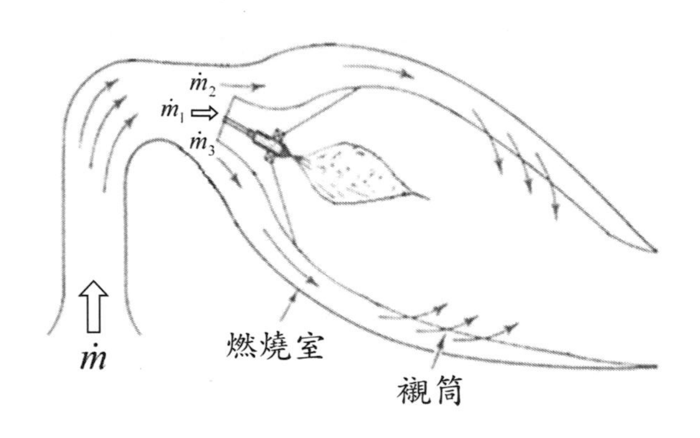

$\dot{m}$ -壓縮器的進氣流率

$\dot{m}_1 = 25\% \dot{m}$

$\dot{m}_2 + \dot{m}_1 = 75\% \dot{m}$

$\dot{m}_1 + \dot{m}_2 + \dot{m}_3 = \dot{m}$

圖四十　進入燃燒室的空氣分布情況示意圖

5.燃燒室內的氣流分布情況

如圖四十一所示，燃燒室內燃燒區域大抵可分主燃區、中間區以及稀釋區三個部份，說明如後。

（1）主燃區（如圖四十一中1所指之區域）

在主燃區的氣流會形成迴流區以穩定火焰，避免吹熄。

（2）中間區（如圖四十一中2所指之區域）

在中間區的氣流會引入空氣淡化油氣，並降低燃燒室出口的燃氣溫度。

（3）稀釋區（如圖四十一中3所指之區域）

注入之空氣會在燃燒室的內部壁面形成保護膜，隔絕高溫燃氣之侵害，並調整進入渦輪機（燃燒室出口）的燃氣溫度。

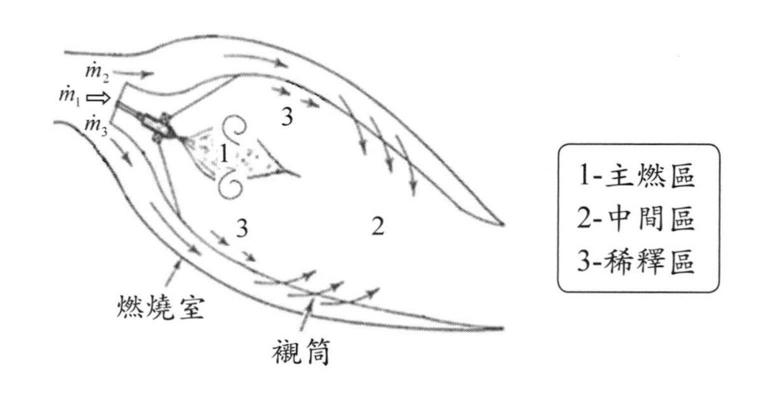

圖四十一　燃燒室內的氣流分布情況示意圖

二、燃燒室的功用與設計原則

1.燃燒室的功用

燃燒室在渦輪噴射發動機的功能主要是提供足夠空間與時間，使壓縮後的空氣與燃油充份混合燃燒，燃油充份釋放熱量，其目的在於加熱氣流使氣體受加熱後壓力增加與溫度增加，藉以增加氣流的動能，在通過渦輪時，帶動渦輪轉動。

2.燃燒室的設計原則

燃燒室有極限溫度限制，氣流的溫度受到燃燒室（襯筒）內部壁面以及燃燒室後方渦輪葉片的材質溫度極限所限制。除此之外，還必須在不同的操作環境中，保持穩定及有效的燃燒。所以降低燃燒室中的氣流速度、提高火焰傳播速度以及分區燃燒，藉以在不超溫的情況下，保持穩定燃燒，是燃燒室設計時主要的原則。

三、燃燒室的分類

燃燒室的類型主要分成罐式、環式以及環罐式三種形式，在結構上，燃燒室都是由擴壓器、殼體、火焰筒、燃油噴嘴和點火器等基本構件組成，說明如後。

1.罐式燃燒室

（1）燃燒室構造

如圖四十二所示，罐式燃燒室的結構特點是：燃燒室由若干個罐形火焰筒所組成，火焰筒沿著發動機周圍均勻地排列，各個火焰筒之間用傳焰管連通，藉以傳播火焰和均衡壓力。

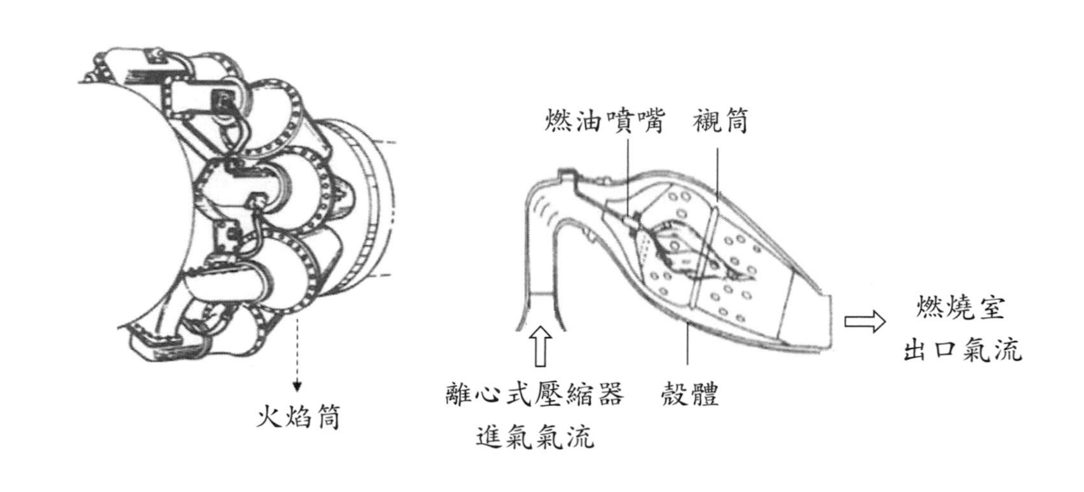

圖四十二　罐式燃燒室的構造示意圖

（2）優缺點分析

①**優點**：罐式燃燒室的主要優點是維護、檢查和更換也比較方便，可針對單一火焰筒進行拆換維修工作，由於在發動機總體結構安排上，與離心式壓氣機的配合比較協調，所以在早期發動機上，罐式燃燒室得到廣泛採用。

②**缺點**：罐式燃燒室對燃燒空間之利用最不經濟，總壓損失也較大，在高空依靠傳焰管傳遞起動火焰，起動性能差，火焰筒的內部壁面冷卻所需的空氣量多，燃燒室出口的溫度場分佈不均勻，這些缺點使得罐式燃燒室已經不再使用。但是，後來所使用的其他形式的燃燒室則是從罐式燃燒室的實用經驗為基礎所發展出來的。

2.環式燃燒室

（1）燃燒室構造

如圖四十三所示，環式燃燒室的結構特點是：環形燃燒室的結構特點是：燃燒室的內、外殼體構成環形氣流通道，通道內安裝的是一個由內、外壁構成的環形火焰筒，所以燃燒是在環形通道內部進行。

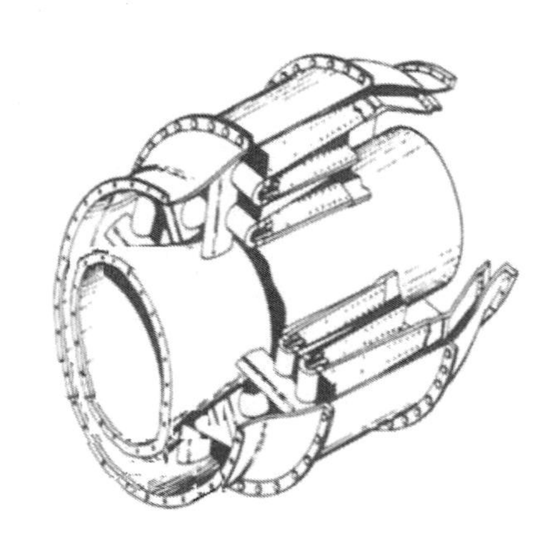

圖四十三　環式燃燒室的構造示意圖

（2）優缺點分析

①**優點**：環式燃燒室對燃燒空間之利用最經濟，總壓損失小。其軸向尺寸短，所以燃燒室內層與外層的接觸面積小，內部壁面冷卻所需的空氣量少，並且可以節省重量及製造成本。除此之外，因為不需要連通管來傳導火焰，所以燃燒室出口氣流的流場及溫度場分佈均勻，一般高旁通比之發動機皆採用此型燃燒室。

②**缺點**：環式燃燒室的主要缺點是其襯筒除非拆卸整個發動機，否則無法修護，因此維護、檢查和更換較不方便。

3.環罐式燃燒室

（1）燃燒室構造

如圖四十四所示，環罐式燃燒室的結構特點是：燃燒室的內、外殼體構成環形氣流通道，若干個罐式火焰筒，沿圓周均勻安裝在環形氣流通道內，相鄰火焰筒的燃燒區之間用傳焰管連通。

1-罐式火焰筒
2-傳焰筒
3-點火器
4-燃燒室外殼
5-隔熱筒

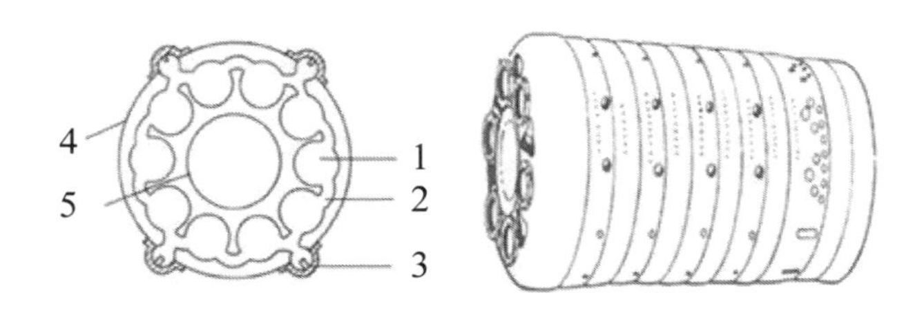

圖四十四　環罐式燃燒室的構造示意圖

（2）特性分析

環罐式燃燒室保持了可以單獨更換火焰筒的優點，如果結構設計恰當，則檢查和拆裝燃燒室仍較方便，可以單獨更換火焰筒。除此之外，燃燒室的外廓尺寸小，環形截面積利用率高，並能與軸流壓氣機和渦輪通道平滑地銜接，可以說兼具環式燃燒室和罐式燃燒室的優點，但又可以消除環式燃燒室和罐式燃燒室的缺點，所以環罐式燃燒室在20世紀50～60年代的燃氣渦輪發動機上得到廣泛應用。

第二節 渦輪

一、渦輪的功用與結構

1.功用

燃氣渦輪是將高溫、高壓燃氣的能量轉變成為機械能的一種葉輪裝置。在渦輪發動機中，燃氣渦輪的機械能以軸功率的形式輸出，用來驅動壓縮器、螺旋槳和附件齒輪箱（渦輪螺旋槳發動機使用）以及發電機、液壓泵、油泵和空氣泵等其他附件。

2.結構

在燃氣渦輪發動機上，渦輪和壓縮器都是和氣流進行能量交換的葉輪機械，不過渦輪是燃氣對渦輪做功，而壓縮器是壓縮器對空氣做功，二者在結構上極為相似。在航空發動機中的渦輪大多是軸向渦輪，其結構與軸流式壓縮器類似（詳見圖三十六），也是由定子和轉子所構成的，不過定子在前，轉子在後。

二、基本觀念

1.渦輪定子的作用

渦輪定子（又稱為導向器）的作用是使氣流速度和方向改變，為轉子進口提供適當的氣流方向，改善轉子的工作條件。

2.流動通道

由於燃氣在軸向渦輪是逐級地膨脹（壓力一級一級地變小，所以密度將逐級地變小），為了使氣流沿軸向的流量大致相等，保證燃氣能夠順利膨脹，必須逐級地增大環形通道面積，此點與壓縮器的通道正好相反。

三、渦輪的分類

在渦輪發動機中的渦輪（軸流式渦輪）可以分為衝擊式渦輪、反作用式渦輪和衝擊反作用式渦輪等三種類型，說明如後。

1.衝擊式渦輪

衝擊式渦輪多使用在老式的離心式燃氣渦輪發動機，衝擊式渦輪所產生的渦輪功是來自於氣體在轉子（又稱為工作葉輪）中的速度方向的變化（轉子只改變方向，不改變大小，也就是轉子內的通道面積不變），如圖四十五所示，在衝擊式渦輪中，氣流的變化規律為：

（1）在定子（又稱為導向器）內，定子以漸縮形通道，降低燃氣的壓力與溫度，並提昇速度以及改變方向。

（2）在轉子（又稱為工作葉輪）中，只改變相對速度方向，不改變大小。

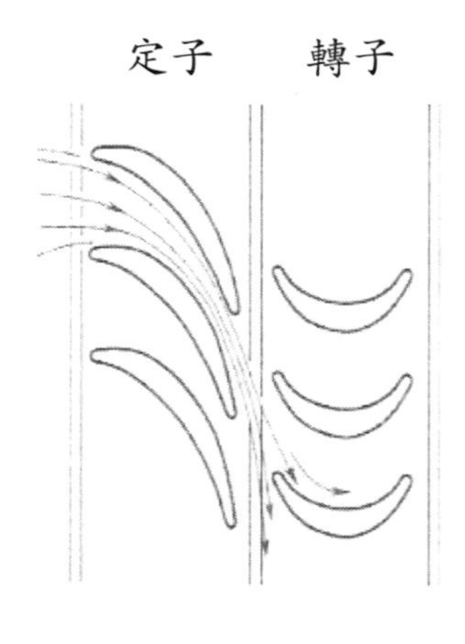

圖四十五　衝擊式渦輪的氣流變化情形示意圖

從圖四十五中，我們可以看出：衝擊式渦輪在定子（又稱為導向器）內的通道是漸縮形通道（通道面積逐漸減小），而在轉子（又稱為工作葉輪）內的通道面積並不改變。

2.反作用式渦輪

在反作用式渦輪中，驅動渦輪高速旋轉的扭矩來自於氣流在轉子（又稱為工作葉輪）中相對速度的增加和方向的改變。氣流的變化規律為：

（1）在定子（又稱為導向器）內，速度方向改變，大小並不改變，

（2）在轉子（又稱為工作葉輪）內，速度的大小和方向同時改變，氣流的速度增加，溫度與壓力降低。

也就是渦輪在定子（又稱為導向器）內的通道面積並不改變，而在轉子（又稱為工作葉輪）內的通道是漸縮形通道（通道面積逐漸減小），此點與衝擊式渦輪的通道正好相反。

3.衝擊反作用式渦輪

衝擊反作用式渦輪是結合衝擊式渦輪與反作用式渦輪二者的特性，在衝擊反作用式渦輪中，不論是在定子（又稱為導向器）內，還是在轉子（又稱為工作葉輪）內，氣流速度的方向和大小都在改變。氣流的速度增加，溫度與壓力降低。也就是說在衝擊反作用式渦輪中，定子（又稱為導向器）與轉子（又稱為工作葉輪）內的通道都是使用漸縮形通道，如圖如圖四十六所示。

圖四十六　衝擊反作用式渦輪的氣流變化情形示意圖

四、潛伸

渦輪在運轉時，會高溫與高速旋轉的應力，因為氣流的工作溫度高，渦輪葉片的材料剛性亦隨之降低，而高速旋轉與氣流軸向運動會產生離心伸展應力以及彎曲應力，葉片在渦輪操作過程所產生的變形與伸長現象，我們稱之為潛伸。潛伸乃是因為長期逐漸累積而形成的永久變形，其量甚微。但是如果發動機以最大的轉速甚至超速與接近排氣溫度極限甚至超溫操作時，潛伸率會迅速增加，所以散熱冷卻氣流之強度是很重要的。

第三節 噴嘴

一、噴嘴的功用與制動原理

1.功用

噴嘴是噴射發動機所不可或缺的部件，其功用主要是使自渦輪出口後燃氣繼續膨脹，將燃氣中剩餘的內能與壓力能充分轉變為動能，使燃氣以比飛行速度大得的速度從噴口噴出，以產生推力。

2.制動原理（噴口面積法則）

燃氣的最後速度取決於噴嘴噴口的面積，噴嘴的功用主要是減壓增速，其制動原理，我們可以用噴口面積法則加以說明，說明如後。

（1）公式

①$\frac{dA}{A}=(M_a^{\ 2}-1)\frac{dV}{V}$。

②$\frac{dA}{A}=(\frac{1-M_a^{\ 2}}{\rho V^2})dP$。

③$dP=-\rho VdV$

（2）物理意義

從公式中我們可得二個重要的觀念，敘述如後。

①在次音速管流（ $M_a<1$ ）中，當流管的面積變大時，則氣流的速度變小與壓力變大；當流管的面積變小時，則氣流的速度變大，與壓力變小。

②在超音速管流（ $M_a>1$ ）中，當流管的面積變大時，則氣流的速度變大與壓力變小，當流管的面積變小時，則氣流的速度變小與壓力變大。

這也是飛機在次音速時使用漸縮噴嘴，而在超音速時使用細腰噴嘴的原因。此種二噴嘴的示意圖如圖四十七所示。

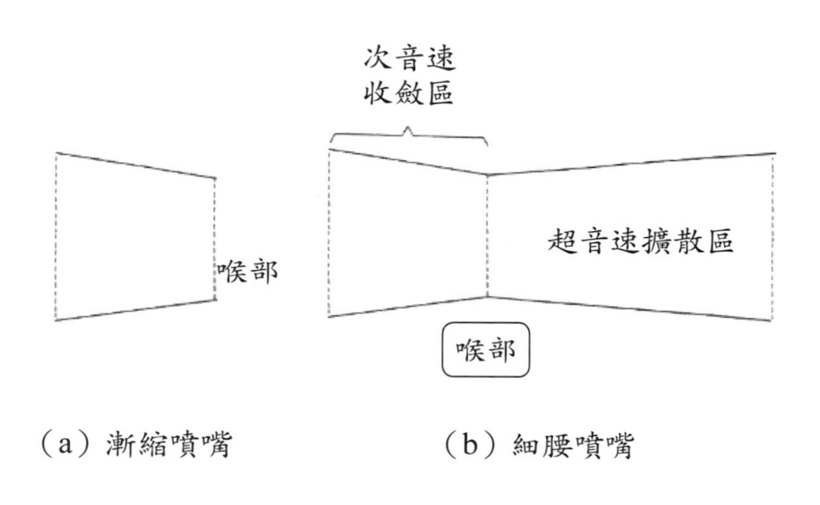

圖四十七　噴嘴的制動原理示意圖

二、次音速噴嘴

1.定義

一般而言，我們把漸縮噴嘴叫做次音速噴嘴。因為在這種收斂型噴嘴內，不論燃氣膨脹能力大到什麼地步，噴嘴噴口的噴氣速度至多只能達到音速。由於現代民航機的飛行速度多在音速以下，而超音速飛機多使用後燃器，所以本書在此僅對次音速噴嘴加以說明，至於超音速噴嘴與後燃器，我們將在其後配合後燃器加以說明。

次音速飛機通常不宜使用後燃器，因為後燃器重量大，燃油消耗率高，空運機與民航客機特別注意航運經濟，也不追求短暫的飛機優越性能，所以民航客機沒有裝置後燃器的必要。

2.構造

如圖四十八所示，由於燃氣離開渦輪仍具有高溫高速（溫度約在$650^0C\sim850^0C$；而速度則約在$750ft/s\sim1200ft/s$）的特性，並具有迴旋速度，因此必須在尾部錐體與尾管外殼間的漸擴型通道中，來完成擴散作用以降低氣流的速度，藉以減少氣流所產生的高摩擦損失與流動損失。而後氣流在收斂型通道中，速度則漸漸增大，並由排氣噴口排出發動機外（外界大氣），因為燃氣的動量增加使得推力也隨之增大。

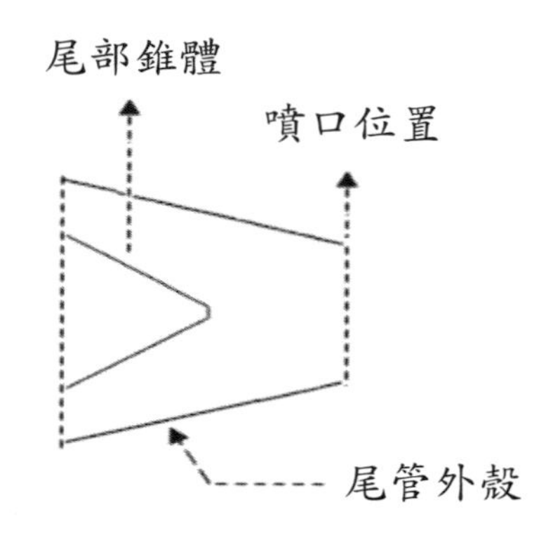

圖四十八　次音速噴嘴的構造示意圖

燃氣的最終速度是由排氣噴口的面積決定，雖然燃氣速度可在噴嘴內藉加速作用而達到音速（1馬赫），但是燃氣速度超過音速時，氣流之質量流率將無法再增加，也就是發生阻塞現象而導致工作失效。次音速噴嘴在噴口位置的速度不能超過音速。裝置後燃器的發動機，如果未使用後燃器時亦受此一限制。如果使用後燃器則另當別論，裝置後燃器的發動機多備有可變面積的排氣噴口以因應需要。

第四篇

渦輪噴射發動機其他部件以及一般常見故障

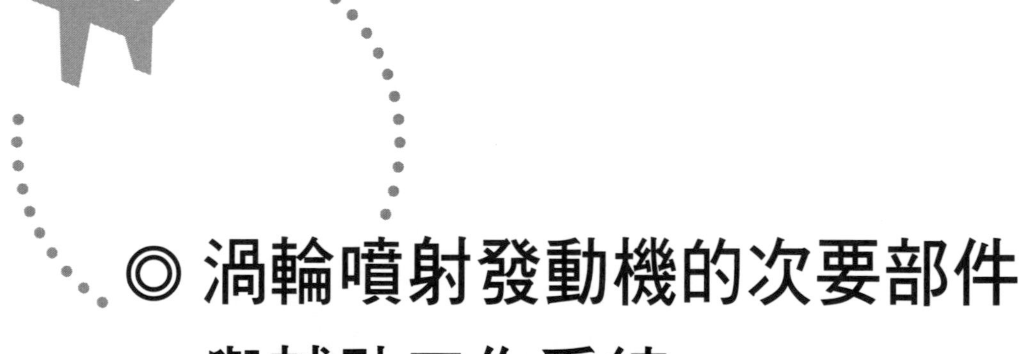

◎ 渦輪噴射發動機的次要部件與輔助工作系統

◎ 影響渦輪噴射發動機推力的因素與一般常見的故障

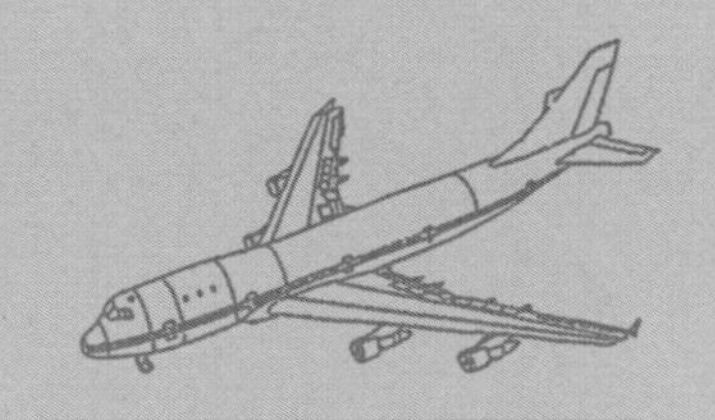

第七章

渦輪噴射發動機的次要部件與輔助工作系統

渦輪噴射發動機不是只有進氣道、壓縮器、燃燒室、渦輪以及噴嘴等主要部件，就可以運轉，還必須要有的次要部件與輔助工作系統，才能保證發動機正常工作，本書將在此逐一說明，說明如後。

第一節 次要部件

一、推力反向器

渦輪噴氣式發動機（渦輪噴射發動機和渦輪扇發動機）都是利用向後噴射的高速氣流，產生向前的推力。如果將噴氣氣流的方向折轉向前則可得到向後的推力。這種與飛行方向相反的推力，稱為反推力.高速飛機的動機大都有反推力裝置。高速飛機著陸時速度大.單靠剎車裝裏或阻力傘仍需要很長的滑跑距離。為縮短滑跑距離，必須採用更有效的減速裝置，推力反向器就是其中之一。

渦輪噴氣式發動機是利用推力反向器做為反向推力的減速裝置，但是螺旋槳飛機（活塞式飛機與渦輪飛機） 產生反向推力的方式，是將螺旋槳的螺距反向，產生方向相反的推力。反向推力的減速裝置一方面可以剎車，另一方面可減少飛機落地時之距離，所以一般大型飛機（起飛重量超過12,500磅）都有此一裝備，尤其在冰天雪地下，跑道因結冰打滑而滾動或滑動磨擦幾為零之下常用。

1.推力反向器的功用

推力反向器是飛機發動機中一個用暫時改變氣流方向的裝置，使發動機的氣流轉向前方，而非向後噴射，這樣會使發動機的推力倒轉而使飛機減速。推力反向器是在渦輪噴氣式飛機使用（使用渦輪噴射發動機與渦輪風扇發動機的飛機），一般而言，飛機在降落，機輪著地之後，會施行反向推力，同時也會將擾流板打開，以便在飛機仍有殘餘升力的時候，有效地將飛機減速。推力反向器的功用可以減少飛機著陸時的速度，並將降落需要的滑行距離減少三分之一或以上。各國航空法規定，飛行員必須能不使用反向推力，在跑道上降落，才能取得適航證明，投入航空交通服務。

2.推力反向器的制動原理

如圖四十九所示，推力反向器的制動原理是工作時，將折流口打開，燃氣經折流口向斜方向噴出，產生與噴射速度方向相反的氣流，造成極大的反推力，藉以讓飛機減速。

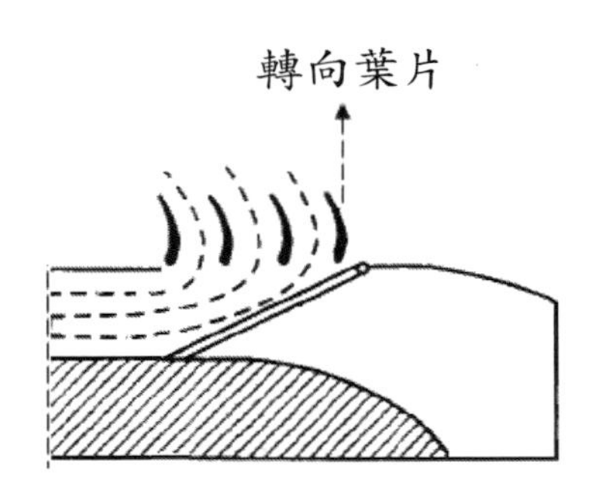

圖四十九　推力反向器的制動原理示意圖

3.推力反向器的分類

推力反向器的種類可分成機械阻檔式以及氣動力阻檔式二種，其制動原理分別說明如後。

（1）機械阻檔式推力反向器

如圖五十所示，機械阻檔式推力反向器是在推力反向器作用時，在發動機噴嘴後方放置一塊阻擋物，使噴嘴所噴出的氣流折向，因而產生反向的推力。

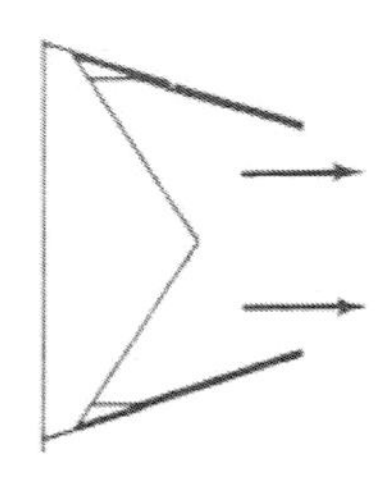

（a）推力反向器不作用時　　（b）推力反向器作用時

圖五十　機械阻檔式推力反向器的制動原理示意圖

（2）氣動力阻檔式推力反向器

如圖五十所示，氣動力阻檔式推力反向器位於尾噴管之前，由兩扇蛤殼式反推力門控制，在推力反向器作用時，兩扇反推力門關閉，迫使氣流分別折轉通過上、下轉向出口排出，藉以產生反向的推力。

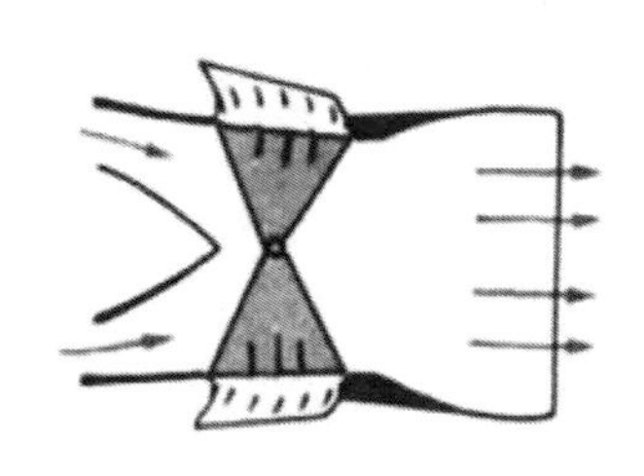

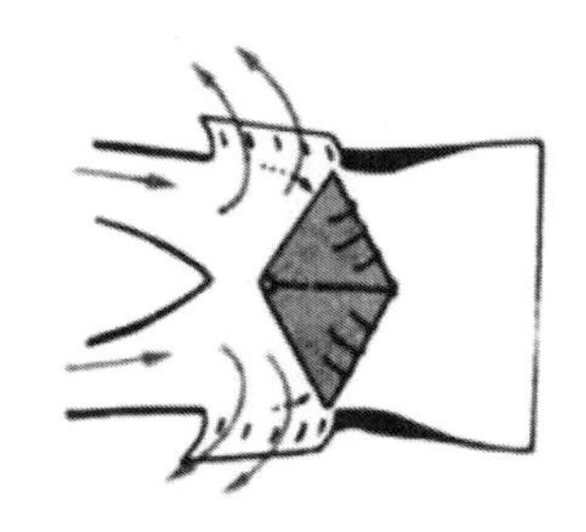

（a）推力反向器不作用時　（b）推力反向器作用時

圖五十一　氣動力阻檔式推力反向器的制動原理示意圖

（3）使用時機

一般而言，渦輪噴氣式飛機在降落著地時，會使用推力反向器，一方面可以剎車，一方面可減少飛機落地時之距離，當飛機減速到一定程度，反向推力就會被取消，以防止反向氣流捲起跑道上的異物；如果這些異物被吸入發動機，可導致發動機受異物損壞。此外，如果在低速度時使用推力反向器，很可能會導致引擎過熱而燒毀引擎。有時，當發動機怠轉而不需要前向的推力（在結冰或濕滑的地面更為如此），又或者是要避免發動機氣流造成破壞的時候，也會使用推力反向器。

二、噪音抑制器（消聲降噪措施）

在生活和工作環境中所產生的使人厭煩的聲音都稱為環境噪音。由於渦輪噴射發動機在運轉時會產生嚴重噪音危害，對附近居民會造成生活環境和身心健康受到嚴重的影響，所以抑制噪音是渦輪噴氣式發動機的主要研究課題之一。

1.噪音的衡量標準

噪音的衡量單位是分貝（dB），在居住環境中，夜間比較安靜的環境的噪音限制大約是30dB，白天車輛繁忙時的噪音限制大約是80dB，在工廠附近可達90dB或更高，而在機場附近航空噪音最高可達130dB，人們在70dB以上談話會造成心煩意亂，精力不集中。長期生活在90dB以上會嚴重損害聽覺器官。人們的聽覺器官所允許的噪音極限是120dB。

2.渦輪噴射發動機的噪音源

渦輪噴射發動機噪音源主要有壓縮器、渦輪和排氣流三處，前二者所產生的噪音主要是風扇、壓縮器和渦輪工作時所產生，後者則是噴嘴出口的高速排氣流與周圍大氣混合時，因為大的速度差而產生強烈的紊流所造成的，但前二處與噴射排氣相比有小巫見大巫之感。而且壓縮器和渦輪所產生的噪音是高頻噪音，而噴射排氣產生的噪音是低頻噪音。由於高頻噪音比低頻噪音較易散失或會很快地被大氣吸收，甚至有些噪音頻率已經超出人的聽覺範圍，傳給聽者的噪音感覺，自然不會覺得那麼刺耳。基於此二原因，渦輪噴射發動機的噪音抑制器主要是消弭噴射排氣所產生的噪音。

3.噪音抑制器（排氣消聲裝置）的制動原理

如同前面所說明的一樣，渦輪噴射發動機的噪音抑制器主要是降低噴射排氣所產生的噪音。現在常採取的排氣消聲裝置是一些特殊形狀的尾噴管，在噴口面積一定的條件下，增大了噴口的周長。使噴口排出的氣流與周圍空氣的接觸面積增加，減弱紊流所造成的影響，同時將單一主排氣管分化成若干的小氣流，使得加速排出的氣流與周圍空氣的均勻混合，並利用高速排出的氣流引射周圍的空氣，使周圍空氣的流速增大，減少高速排氣流與周圍大氣二者的速度差，如圖五十二所示，波紋式消聲噴管即是使用此項原理，達到降低噴射排氣噪音的目的。

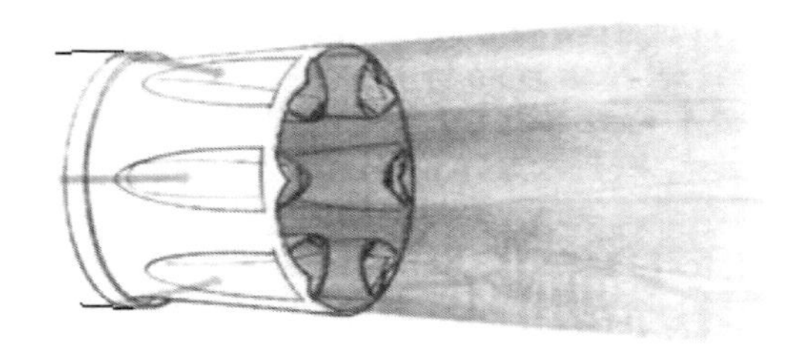

圖五十二　波紋式消聲噴管示意圖

三、後燃器

1.後燃器的功用與組成

（1）後燃器的功用

基本上後燃器可說是一種再燃燒的裝置，於後燃器處再噴入燃油，使未充分燃燒的氣體與噴入的燃油混合再次燃燒，經過可變噴口達到瞬間增加推力的目的。一般而言，後燃器只會在短時間需要高推力的時候使用，例如在航空母艦上起飛，突破音障作超音速飛行，或是戰鬥機在纏鬥中等情況下使用，其外型如圖五十三所示。

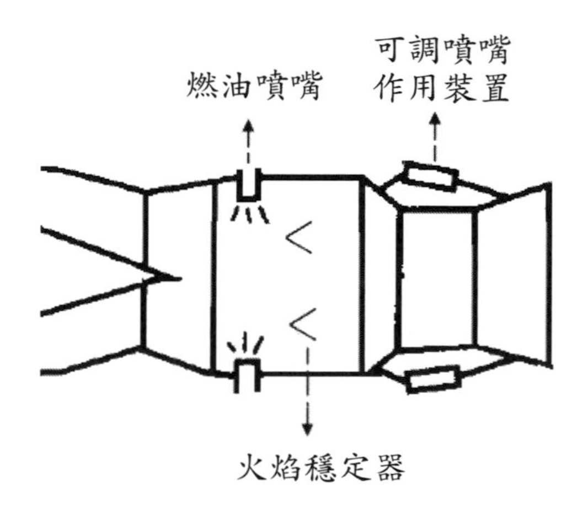

圖五十三　後燃器的外型示意圖

（2）後燃器的組成

後燃器一般由擴壓器、火焰穩定器、供油與點火裝置、以及殼體所組成。其主要元件的作用說明如後。

①**擴壓器：**擴壓器的功用是降低進入後燃器的氣流速度，創造後燃器內穩定燃燒的條件。

②**火焰穩定器：**火焰穩定器的功用是使氣流產生紊流，形成回流區，加速混合氣的形成和加強燃燒過程，藉以穩定火焰和提高完全燃燒效率。

在渦輪風扇發動機中，後燃器還必須加裝一個元件叫做混合器。它的功用是將渦輪風扇發動機外涵道的空氣平穩引入內涵道，保證兩股氣流混合後的壓力、溫度和速度比較均勻。

2.優缺點分析

後燃器的優點是在發動機不增加截面積及轉速的情況下，增加50～70%之推力，且構造簡單，造價低廉，而其缺點是耗油量大，同時過高的氣體溫度也會影響發動機的壽命，因此發動機開啟後燃器一般是有時間限制，通常是戰鬥機在起飛、爬升和最大加速等飛行階段才使用。

四、細腰噴嘴（超音速噴嘴）

1.定義

細腰噴嘴是使用在超音速飛機的噴嘴，所以又稱超音速噴嘴，其外型是收斂後擴張，所以又稱為收斂-擴張型噴嘴，其外型如圖五十四所示。

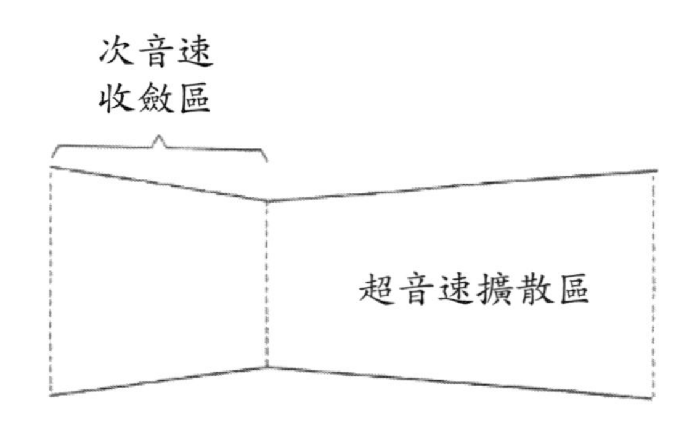

圖五十四　細腰噴嘴的外型示意圖

2.工作原理

當細腰噴嘴正常工作（燃氣膨脹比等於設計壓力比，噴嘴噴口處的氣體壓力恰好等於噴口後的大氣壓力）時，氣流流過超音速噴管，首先在收斂段不斷膨脹，速度不斷增大，壓力、溫度和密度則不斷減小，至最小截面（喉部）處，速度增至音速，壓力、溫度和密度減小到臨界值；在擴散段，氣流速度進一步增大，壓力、溫度和密度進一步減小，氣流速度增大到超音速，氣體壓力減小到等於噴口後大氣壓力，其溫度、壓力、速度和密度變化的情形如圖五十五所示。

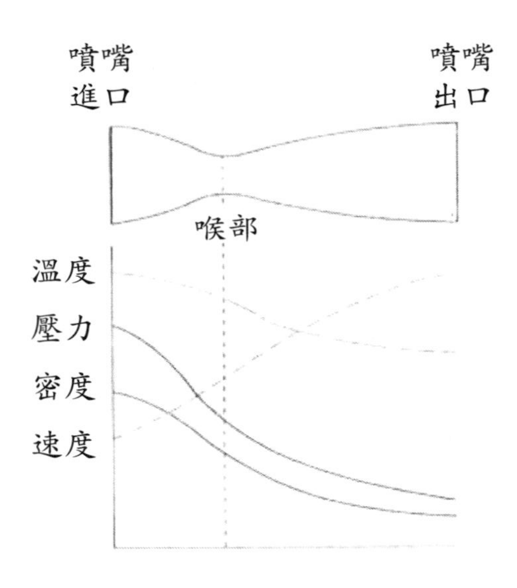

圖五十五　細腰噴嘴正常工作時的性質變化情形示意圖

3.可變面積的排氣噴嘴

超音速飛機多使用後燃器，裝置後燃器的發動機多備有可變面積的排氣噴口以因應需要。由於後燃器會產生氣體流速流量的變化，為了保證細腰噴嘴能夠正常工作（燃氣膨脹比等於設計壓力比，噴嘴噴口處的氣體壓力恰好等於噴口後的大氣壓力），超音速飛機必須使用可變面積的排氣噴嘴，其制動情形如圖五十六所示。

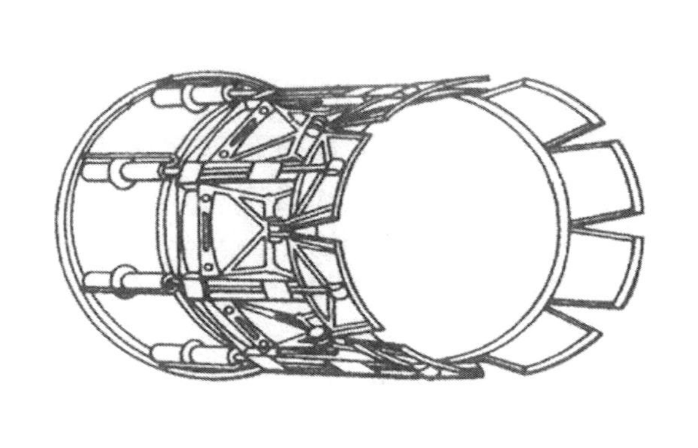

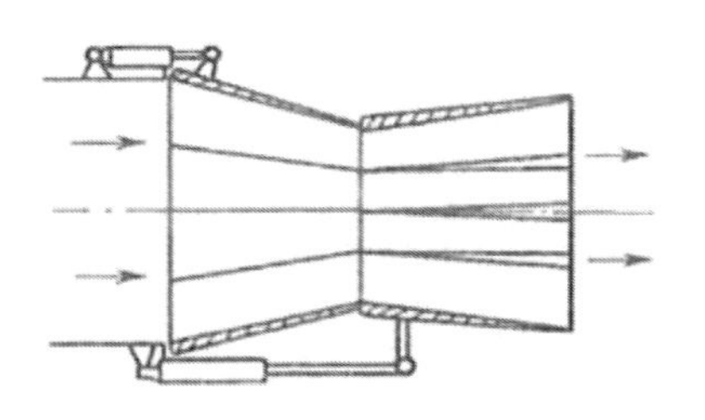

（a）不使用後燃器的情況

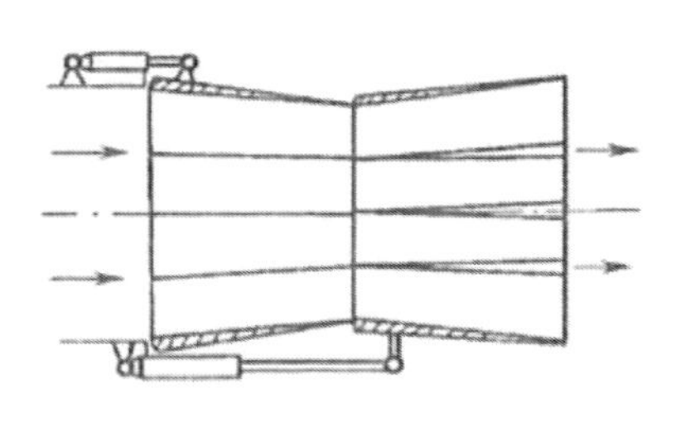

（b）使用後燃器的情況

圖五十六　可變面積的排氣噴嘴的制動原理示意圖

第二節 輔助工作系統

噴氣式發動機除了主要部件外，還必須有若干個輔助系統與之配合才能正常工作。隨著航空技術的發展，要求的不斷提高，發動控制系統需要進行推力管理、系統控制、故障監視等，所有這些都使發動機的控制系統成為一個複雜的、多回路的控制和管理系統。本書在此將其功用扼要說明，藉以增添讀者對噴氣式發動的瞭解，說明如後。

一、燃油系

發動機燃油系統的主要功能在於用適當壓力與流量下供給潔淨的燃油滿足各種操作情況下發動機之需求，設計師在設計燃油系時，必須考慮飛機燃油箱中較低的大氣壓力、複雜的管路、高流量需求及冷天起動因素。燃油系根據發動機的不同狀態（包括起動、加速、穩態、減速、反推等）將清潔的、無蒸氣的、經過增壓的、計量好的燃油供給燃燒室。在控制中要求中必須做到不能富油熄火、不能貧油熄火、不能喘振、不能超溫以及不能超轉的要求。也就是滿足推力控制、過渡控制（使發動機的狀態在轉換過程中，能夠迅速與穩定的和進行）和安全限制的原則。

二、滑油系

滑油系統的功用是減輕發動機上各個相對運動機件之間的摩擦，並加強發動機內部冷卻，除此之外，還有清潔與防腐的功用，說明如後。

1.潤滑

潤滑的主要功用是減小摩擦，藉以降低機件磨損。其原理是讓相互運動部件的表面被一層有一定厚度的油膜所覆蓋，金屬與金屬不直接接觸，而是油膜與油膜相接觸，這就在相互運動中減小了摩擦。

2.冷卻

冷卻的主要功用是降低溫度，並帶走熱量。其原理是滑油從軸承和周圍高溫部件吸收熱量，在散熱器處又將熱量傳遞給燃油或空氣，從而達到了冷卻的目的。

3.清潔

滑油在流過軸承或其他部件時將磨損下來的金屬微粒帶走，在滑油濾中將這些金屬微粒從滑油中分離出來，從而達到清潔的目的。

4.防腐

防腐的原理是在金屬部件表面有一層一定厚度的油膜所覆蓋，將金屬與空氣隔離，使金屬不直接與空氣接觸，從而防止氧化和腐蝕。

三、啟動系與輔助動力系

將發動機發動起來，須借助外面動力，常用的有兩種方式：1.用氣源車所產生之氣源直接吹動發動機轉動達到起動所需之轉速。2.用電源車或電瓶致動飛機上之起發機轉動，經過齒輪箱傳動以帶轉發動機，到達起動所需之轉速。飛機大型發動機啟動前，是由地面氣源車（Ground Cart），或由安裝於飛機尾端的小型發動機（稱為輔助動力系統Auxiliary Power Unit，簡稱APU）啟動；當飛機在機場航廈等待旅客登機時，飛機上空調及電力大多情形下都是使用輔助動力系統提供。

四、點火系

噴射發動機之點火系主要是用於發動機起動點火或熄火後重燃點火的時機，不像往復式發動機點火系須維持長時間的連續點火。但噴射飛機常於高空飛行，由於燃油在高空時溫度較低，發動機若須重新點火則需要高熱的點火火花，使得幾乎所有的渦輪噴射發動機都必須使用高能量儲電器式之點火系。

五、自動重燃系

民航客機所使用渦輪噴氣式發動機（渦輪噴射發動機和渦輪扇發動機）通常備有自動重燃系（ARS），飛機在飛行時，會因為亂流或外物（飛鳥或葉片等）被吸入空氣，造成進入發動機的氣流不穩定或氣流量不足，或是燃燒室忽然產生富油或貧油狀況時，導致發動機熄火現象的發生，如果當時能有一個點火器照常工作，當空氣流量與燃油量恢復正常時，發動機就能立即點燃，而恢復燃燒。自動重燃系（ARS）就是扮演此一角色，其主要的功用就是在發動機熄火時能即時點燃，確保飛機的飛行安全。

六、防冰系

雖然噴射發動機不像活塞式發動機因為汽化器而發生經常性結水問題，但水分凍結之事仍在所難免。當飛機穿過含有過冷水汽的雲層時，或當發動機在空氣濕度較高和氣溫接近0℃的條件下工作時，發動機進口部分，如進氣道進氣口、整流罩、圓鼻錐以及壓縮器的進氣葉片等，就會出現結冰現象。在進氣道積冰會造成進氣流量不足或氣流不穩定，在壓縮機葉片積冰除了會造成氣流不正常通過外，還會引發喘振，除此之外，由於發動機振動，冰層可能破裂，冰塊就會被吸入發動機內，打傷壓縮器的葉片這些都會造成發動機的機械損傷，從而使發動機的推力降低，嚴重時，會造成發動機損壞或熄火。防冰系統的功用就是必須保證在飛機飛行範圍內有效地防止結冰，最常用的防冰方法是對容易結冰的零件表面進行加溫。防冰的熱空氣通常是由壓縮機的最後一級引來，工作後的空氣排入發動機進口或者大氣中去，以維持系統內熱空氣循環，使加熱能量能夠不斷地補充。

第八章

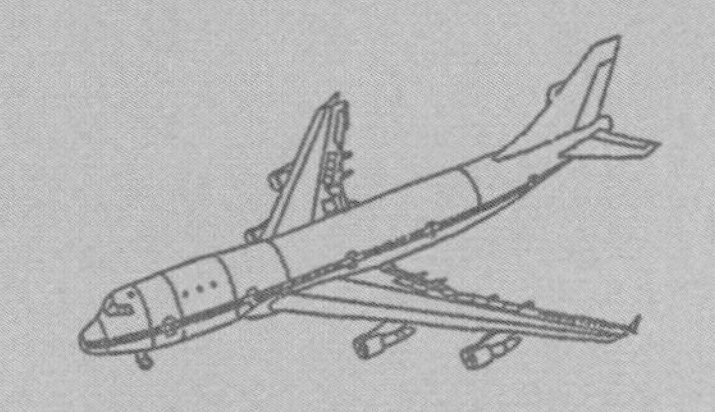

影響渦輪噴射發動機推力的因素與一般常見的故障

發動機是飛機的動力裝置，其所產生的推力隨著進氣的情況的改變而改變。在航空發展史上，飛機的性能可說是伴隨著發動機的性能而成長。許多飛安事件也是由於發動機失效或熄火而造成。因此，本書在此對其作扼要說明，希望讀者能對渦輪噴射發動機能有進一步的瞭解。

第一節 影響渦輪噴射發動機推力的因素

一、基本觀念

1.渦輪噴射發動機的推力公式

（1）淨推力公式：$T_n = \dot{m}_a(V_j - V_a) + A_j(P_j - P_{atm})$

（2）總推力公式：$T_g = \dot{m}_a(V_j) + A_j(P_j - P_{atm})$

在此T_n為噴射發動機的淨推力、T_g為噴射發動機的總推力、$\dot{m}_a$為空氣的質流率（$\dot{m} = \rho AV$）、V_j為噴射發動機的噴射速度、V_a為飛機的飛行速度（空速）、A_j為噴射發動機噴嘴的噴口面積、P_j為噴射發動機的噴嘴的噴口壓力以及P_{atm}為飛機飛行時的大氣壓力。當V_a（飛機的飛行速度）等於0時，V_a也就是飛機在地面試車或發動機在試車臺試車時，淨推力與總推力相等。

2.飛行環境

飛機在大氣層內飛行時所處的環境條件，我們稱為飛機的飛行環境，飛機飛行的範圍主要是在對流層和同溫層之間，其氣溫、壓力與密度變化的情形，說明如後。

（1）溫度變化

飛機在對流層飛行時，發動機所吸入空氣的溫度會隨著高度成直線遞減，其遞減率為 $\alpha = -0.0065\ K/m$ 。如果飛機在同溫層飛行時，發動機所吸入空氣的溫度幾乎保持不變。

（2）壓力與密度變化

隨著飛機的飛行高度上升，大氣的靜壓力與密度值都會隨之變小，這是因為隨著高度的上升，空氣會越來越稀薄的緣故。

二、影響渦輪噴射發動機推力的因素

我們可從前面渦輪噴射發動機的淨推力公式$T_n = \dot{m}_a(V_j - V_a) + A_j(P_j - P_{atm})$中，可以得知一般而言，渦輪噴射發動機推力會受到空氣質流率、飛機的飛行速度、噴氣速度、與噴口面積的影響。而空氣質流率又會因為高度、密度、溫度、壓力以及濕度而改變，噴氣速度又是發動機轉速的函數，本書在此將其歸納與說明。

1.轉速

渦輪噴射發動機的轉速與推力成正比，也就是說推力的大小由油門控制，發動機的轉速愈高，則推力增加愈大。由於噴射發動機轉速對推力的影響與活塞發動機推力特性不同。當低轉速時，轉速稍增，推力增加甚微。但在高轉速時，油門稍增，推力將增加甚多。所以噴射發動機多在高轉速下運轉。一來可發揮其效率，二來可節省燃料。

2.排氣速度與飛機的飛行速度

排氣速度大，則推力大，飛機的飛行速度也會隨之增大。如果假設排氣速度不隨飛機速度變化，當飛機速度增加時，推力反而減少（$V_j - V_a$的值會變小），但由於空氣之衝壓效應影響，空氣流率亦隨飛機速度增加而增加（$\dot{m}_a$變大），所以當飛機的飛行速度增加時，推力大致不變，如圖五十七所示。

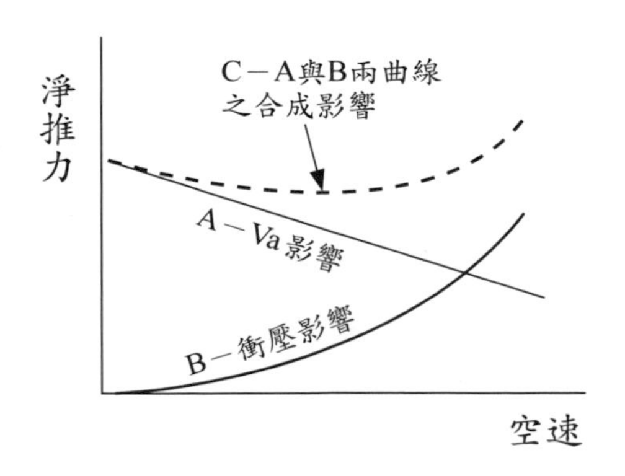

圖五十七　推力與飛機的飛行速度（空速或航速）的關係示意圖

3.高度

從淨推力公式 $T_n = \dot{m}_a(V_j - V_a) + A_j(P_j - P_{atm})$ 中，我們可以得知影響推力的最大變數為空氣流率。又因為空氣的質流率的公式為 $\dot{m} = \rho AV$ ，所以推力與空氣密度成正比，高空的空氣稀薄，空氣密度會隨著高度的增加而遞減，但到了同溫層，由於溫度幾乎保持不變，所以密度的遞減率減緩，所以推力與高度之間的關係如圖五十八所示。

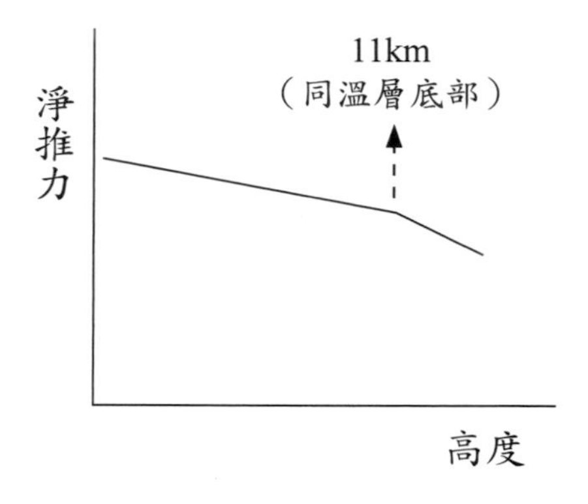

圖五十八　推力與高度的關係示意圖

渦輪噴射發動機的推力與飛行高度成反比，當高度增加時，由於氣壓降低，空氣密度減小，所以推力低。但是高度增加，空氣阻力也會因為空氣稀薄而降低，因此不致影響飛機速度，所以噴射飛機多在高空以高速飛行，以增加效率。

4.密度

如前面所說，從淨推力公式 $T_n = \dot{m}_a(V_j - V_a) + A_j(P_j - P_{atm})$ 中，我們可以得知影響推力的最大變數為空氣流率。又因為空氣的質流率的公式為 $\dot{m} = \rho AV$，所以推力與空氣密度成正比，其間的關係如圖五十九所示。

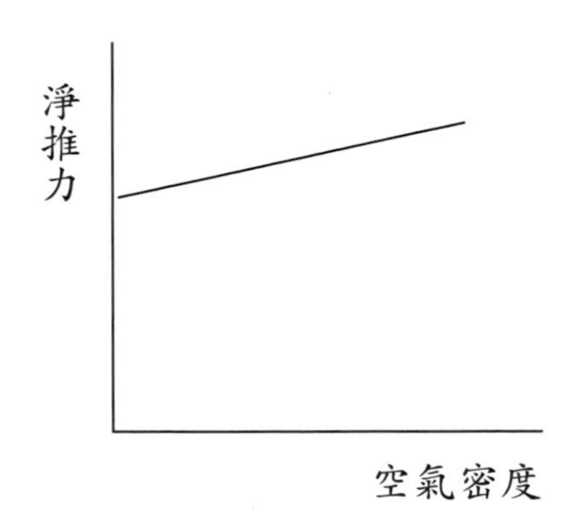

圖五十九　推力與空氣密度的關係示意圖

飛機的起飛距離除了與飛機的機型與發動機的推力有關，還與飛機起飛時的密（溫）度有關。一般而言，起飛距離與飛機起飛時的密度平方成反比，也就是 $\propto \frac{1}{\rho^2}$。

夏天溫度高，空氣密度小，起飛距離大。反之，冬天溫度低，空氣密度大，起飛距離小。

5.溫度

如同前面所說，推力與空氣密度成正比，根據理想氣體方程式 $P=\rho RT$，在相同壓力的情況下，溫度增高則空氣密度減少（熱脹冷縮），推力減少，由此可知：推力與空氣溫度成反比，其間的關係如圖六十所示。

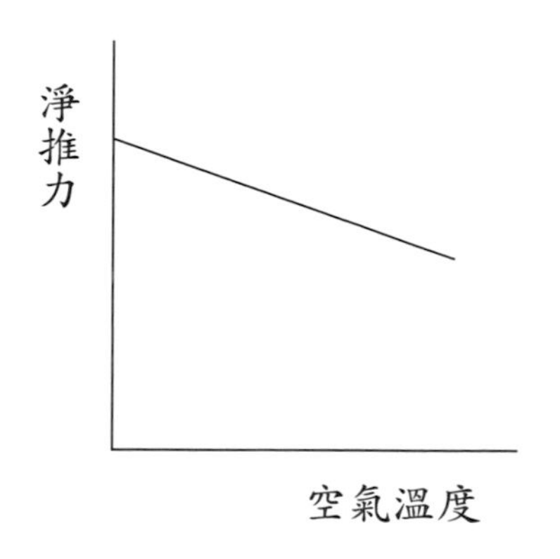

圖六十　推力與空氣溫度的關係示意圖

6.壓力

如同前面所說，推力與空氣密度成正比，根據理想氣體方程式 $P=\rho RT$，當氣壓增高時，空氣密度增加，推力增大，由此可知：推力與空氣壓力成正比，其間的關係如圖六十一所示。

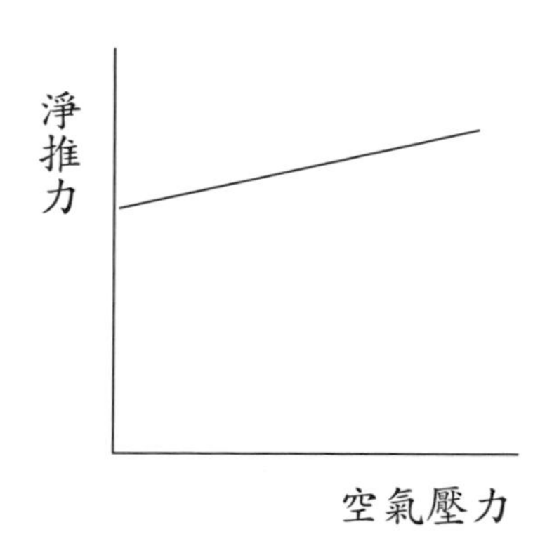

圖六十一　推力與空氣壓力的關係示意圖

7.濕度

如同前面所說，推力與空氣密度成正比。濕度大，即表示空氣中含水蒸汽較多，空氣密度小，發動機的推力亦隨之減少。反之，則發動機的推力較大。以上高度、氣溫、氣壓與濕度之變化，無不引起空氣密度之變化，空氣密度的變化，實為影響推力的主要因素。

8.進氣口與排氣口面積

噴射發動機在運用上，須大量進氣來獲得推力。如果發動機的進氣口狹小，則進氣不足，必定會影響推力，所以在發動機的進氣口處設有防冰裝置，避免高空飛行時，因為進氣口結冰而減少進氣口面積。而噴嘴排氣口（噴口）的面積直接影響到排氣溫度，當高度突然增加至數萬呎，空氣稀薄，為避免排氣溫度超過極限，必須減速，但推力將有損失，近代尾管面積多為可調者。藉以控制尾管溫度，使發動機保持最佳效率。

第二節 評定渦輪噴射發動機性能的指標

渦輪噴射發動機性能的評定指標大抵可分成推力重量比、體積的尺寸、安全可靠性、燃油消耗率、壽命的長短以及維修方便性等六項指標，說明如後：

一、推力重量比

設計飛機的任何部件時，都應該在滿足使用要求的前提下，儘量減輕其重量。對渦輪噴射發動機來說，就是要保證其能產生足夠大的推力，而自身重量又很輕。衡量發動機推力大、重量輕的標準就是「推力重量比」，也就是渦輪噴射發動機所產生的推力與發動機重量之比值，愈大者性能愈好。

二、體積的尺寸

航空發動機應該在保證功率不變小的前提下，盡量縮小體積。體積小，可以使得發動機所佔據的空間小，有利於飛機裝載人員、貨物、設備。在體積尺寸中，應該力求減小「迎風面積」，藉以減少空氣阻力。

三、安全可靠性

飛機在空中飛行的安全，是由各組成部分可靠工作來保證的。要維持飛行，發動機就必須始終處於可靠狀態。為了保證發動機工作安全可靠，必須精心設計、選用合適材料以及嚴格地製造與檢驗。除此之外，為了保證飛機隨時處於可靠狀態，在整個使用過程中，還要定期對發動機進行檢查和維修。

四、燃油消耗率

發動機是否省油，是飛機使用的重要經濟指標。評定發動機的經濟性能，常用「燃油消耗率」作標準，燃油消耗率越小，表示發動機越省油。

五、壽命的長短

在保證發動機可靠性的前提下，要求發動機的「壽命長」。這是評定發動機經濟性能的另一項指標。發動機的壽命可以分成「翻修壽命」和「使用壽命」二種，所謂「翻修壽命」是指全新發動機從開始使用到第一次翻修之間的使用（實際工作）時間或是發動機在二次翻修之間的時間間隔。而「使用壽命」則是指全新發動機由開始使用到報廢的使用（實際工作）時間，單位是小時。

六、維修方便性

發動機維護與修理，統稱為發動機的維修。這是保證發動機可靠性的重要工作。發動機能否隨時處於可靠狀態，很大程度決定發動機的維修品質，而發動機的維修好壞，影響發動機的壽命。維護的目的主要是發現故障和排除故障，並對必要的部位進行檢測、清洗、更換潤滑油等。根據發動機工作的長短，維護工作一般都按不同的專案定期進行。而修理則是在零部件損壞的情況才進行。由於發動機維修的工作量很大，因此發動機的維修成本在發動機的使用壽命中，佔據了整個飛機使用成本中的很大比例，所以也是評定發動機經濟性能的另一項重要指標。

第三節 一般常見的故障

和其他交通工具比較，航空運輸應該是最安全的交通工具，但是航空事故較為殘忍的一點在於它與其他交通事故不同，航空事故的發生可能代表的是大量的人命損失以及高價值的飛機在瞬間消逝，它所帶給國人的震撼及社會的成本是無可諱言的。而很多的航空意外是因為是由於發動機失效或故障所造成。所以，本書在此對其作扼要說明，說明如後。

一、壓縮器失速

壓縮器失速乃是因為空氣流量不正常通過壓縮器所致，當流經平滑氣流壓縮器被破壞時，則會有失速現象發生。輕微的失速現象雖在短時間內影響發動機之操作，但並不足以使壓縮器受損，然而嚴重之失速則會造成發動機熄火，其主要發生在發動機的進氣氣流不穩定（空氣亂流）、進氣口的平穩氣流遭到阻礙（結冰或外物損傷、壓縮器性能降低（污染、刮傷或葉片尖端間隙過大）、攻角因素與大動作的飛行等時候。

二、超溫

噴射發動機在起動、加速以及正常油門操作時，都有其最高允許之排氣溫度，如果超過了其允許的溫度限制，該發動機的內部結構將會遭受破壞，導致部件損壞，引發飛安事件。發動機在起動與加速而急速推動油門而導致進氣阻滯，或是在高空以低速飛行或是飛機爬昇率的過大，都有可能造成超溫現象的發生。超溫的原因很多，最主要的原因是因為燃油過多或是空氣供應過少，也就是過分富油燃燒所致。富油燃燒不僅會導致發動機超溫現象，也有可能導致富油熄火。

三、外物損傷

外物損傷簡稱為F.O.D，所謂外物是指飛機在起降過程中，足以損害飛機的一切外來物質，例如：金屬零件、防水塑膠布、碎石塊、紙屑以及樹葉等。飛機在起降過程中是非常脆弱的，小石頭或金屬塊會扎傷機輪引起爆胎，所產生的輪胎破片又會擊傷飛機本體或重要部份，造成更大的損失；塑膠布、紙片或是飛鳥被吸入發動機，會造成發動機損傷，甚至故障。發動機在運轉時，進氣口將有巨大之吸力，所以位於進氣地帶之外物，極易被吸進發動機內，當外物被發動機時，會造成進氣氣流不平順，導致壓縮器失速現象發生。更有可能造成使壓縮器葉片及渦輪葉片損壞，造成重大的飛危事件。

四、熄火

如同前面第六章所介紹，燃燒室會因為餘氣係數（α）的增大或減小，造成火焰傳播的速度減小，其增大或減小的程度超過某一極限值時，火焰就不能傳播，我們稱為富油熄火和貧油熄火二種，其時常發生在飛機加速和減速的時候。富油熄火是燃油過多，造成原有的火焰溫度降低，以致不能保持穩定燃燒，而貧油熄火是燃油過少，不能維持在現有轉速下之燃燒所致。

五、震動

如果發動機的滑油系失效，導致發動機的機件潤滑不足，發動機就會產生震動，如果軸承嚴重失效，將有可能會造成壓縮器位移。除此之外，壓縮器失速或衝激、F.O.D、壓縮器轉子的匹配（低壓壓縮器的轉速與高壓壓縮器的轉速之比值）不當，也是發動機產生震動的主要原因。

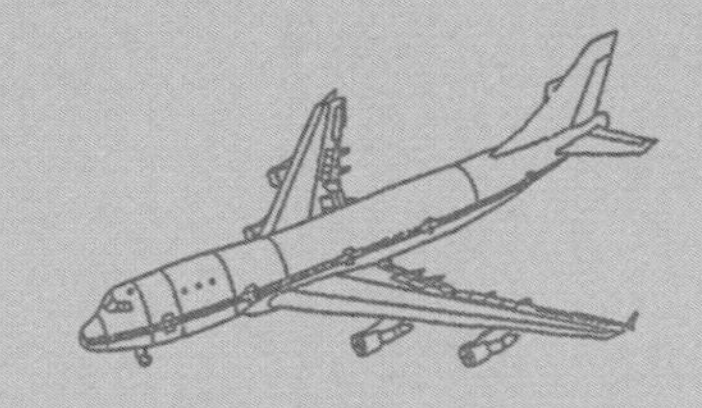

參考文獻

（1）WALTER J.HESS,NICHOLAS V.S MUMFORD,JR.，JET PROPULSION FOR AEROSPACE APPLICATIONS，大學圖書出版社，1986。

（2）陳大達，航空工程概論與解析，秀威資訊科技出版社，2013。

（3）陳大達，活塞式飛機的動力裝置，秀威資訊科技出版社，2014。

（4）Norman E Borden jr.（譯者：郭功儁），基本噴射引擎，徐氏文教基金會，1995。

（5）John David Anderson，Introduction to Flight，McGraw-Hill Higher Education. 2005。

（6）陳大達，飛行原理重點整理及歷年考題詳解，2013。

（7）陶遵極，噴射發動機，徐氏文教基金會出版，1992。

（8）科技技術出版社中文編輯群，奧斯本圖解小百科——飛機的奧祕，1997。

（9）Yunus A,Cengel &Michael A.Boles THERDYNAMICS AN Engineering Approach，Fifth Edition,2006。

（10）Frank M. White（陳建宏譯著），流體力學，曉園出版社，1986。

秀威經典　考試用書類　PB0029

民用航空發動機概論
——圖解式活塞與渦輪噴射發動機入門

作　　者 / 陳大達
責任編輯 / 蔡曉雯
圖文排版 / 賴英珍
封面設計 / 楊廣榕

出版策劃 / 秀威經典
發 行 人 / 宋政坤
法律顧問 / 毛國樑　律師
印製發行 / 秀威資訊科技股份有限公司
114台北市內湖區瑞光路76巷65號1樓
電話：+886-2-2796-3638　傳真：+886-2-2796-1377
http://www.showwe.com.tw
劃撥帳號 / 19563868　戶名：秀威資訊科技股份有限公司
讀者服務信箱：service@showwe.com.tw
展售門市 / 國家書店（松江門市）
104台北市中山區松江路209號1樓
電話：+886-2-2518-0207　傳真：+886-2-2518-0778
網路訂購 / 秀威網路書店：http://www.bodbooks.com.tw
國家網路書店：http://www.govbooks.com.tw

2015年3月　BOD一版
定價：250元

國家圖書館出版品預行編目

民用航空發動機概論：圖解式活塞與渦輪噴射發動機入門 / 陳大達作. -- 一版. -- 臺北市：秀威資訊科技, 2015.03

面； 公分

BOD版

ISBN 978-986-326-316-6(平裝)

1. 航空工程 2. 飛機 3. 引擎

447.67 103028065

讀者回函卡

感謝您購買本書，為提升服務品質，請填妥以下資料，將讀者回函卡直接寄回或傳真本公司，收到您的寶貴意見後，我們會收藏記錄及檢討，謝謝！
如您需要了解本公司最新出版書目、購書優惠或企劃活動，歡迎您上網查詢或下載相關資料：http:// www.showwe.com.tw

您購買的書名：____________________

出生日期：________年________月________日

學歷：□高中（含）以下　□大專　□研究所（含）以上

職業：□製造業　□金融業　□資訊業　□軍警　□傳播業　□自由業
□服務業　□公務員　□教職　□學生　□家管　□其它_____

購書地點：□網路書店　□實體書店　□書展　□郵購　□贈閱　□其他

您從何得知本書的消息？

□網路書店　□實體書店　□網路搜尋　□電子報　□書訊　□雜誌
□傳播媒體　□親友推薦　□網站推薦　□部落格　□其他__________

您對本書的評價：（請填代號　1.非常滿意　2.滿意　3.尚可　4.再改進）

封面設計____　版面編排____　內容____　文／譯筆____　價格____

讀完書後您覺得：

□很有收穫　□有收穫　□收穫不多　□沒收穫

對我們的建議：____________________

____

____

____

請貼
郵票

11466
台北市內湖區瑞光路 76 巷 65 號 1 樓
秀威資訊科技股份有限公司 收
BOD 數位出版事業部

....

（請沿線對折寄回，謝謝！）

姓　　名：____________ 年齡：________ 性別：□女　□男

郵遞區號：□□□□□

地　　址：________________________________

聯絡電話：(日) ______________ (夜) ______________

E-mail：________________________________